洋経済

ゼネコン 両利きの経営

非建設との「二兎」を追う

週刊東洋経済 eビジネス新書 No.437

ゼネコン　両利きの経営

本書は、東洋経済新報社刊『週刊東洋経済』2022年9月10日号より抜粋、加筆修正のうえ制作しています。情報は底本編集当時のものです。（標準読了時間　120分）

ゼネコン　両利きの経営　目次

〔プロローグ〕「非建設」分野の強化を狙い

転換期迎えるゼネコン

中堅ゼネコンの幹部は一瞬、耳を疑った。

「1億円の工事代金では、とても請け負えません。あと2000万円上乗せしてくれませんか」。下請けの専門業者が昨今の資材高を理由に、工事代金の引き上げを求めてきたのだ。このような事例は、過去にほぼない。

足元の建築資材価格は2021年1月と比べて2割上昇。中でもビルなどの大型建築に使われる異形棒鋼がこの1年で40%値上がりするなど、資材が高値圏で推移し工事採算を圧迫している。ゼネコンにとって苦しい状況だ。が、発注元である大手デベロッパーにスライド条項（物価の変動などによる請負代金額の変更）の適用を要求しようにも、交渉のテーブルにさえ着けないことが多い。

「われわれのスライド条項の要求は、立場の強い発注元から認められない。にもかかわらず、われわれより立場が弱いはずの下請け業者はスライド条項を求めてくる。22年4月以降、こういうケースが増えている」。中堅ゼネコン幹部は、そう言ってため息をつく。

変わらない過当競争

「建設業界はこの先、氷河期に入る。業者数が減らない限り、ゼネコンが生き残っていくのは厳しい」。ゼネコン業界のご意見番として知られるインフロニア・ホールディングス（前田建設工業などを傘下に持つ）の岐部一誠社長は、業界の行方をそう見通す。

約47万社もの業者がひしめき、建設投資およそ60兆円のパイを食い合う過当競争の構図は長年変わっていない。

国内建設投資は2014年度以降上昇傾向にあるが、これは工事が大型化しているためだ。1件当たりの工事が大型化する分、受注競争が激しくなるため、ここ数年は工事採算は低下する一方だ。

元請けであるゼネコンと下請けの専門業者（サブコン）との〝主従関係〟も、変わりつつある。

1件当たりの工事が大型化傾向

国内建設投資、建築着工床面積の推移

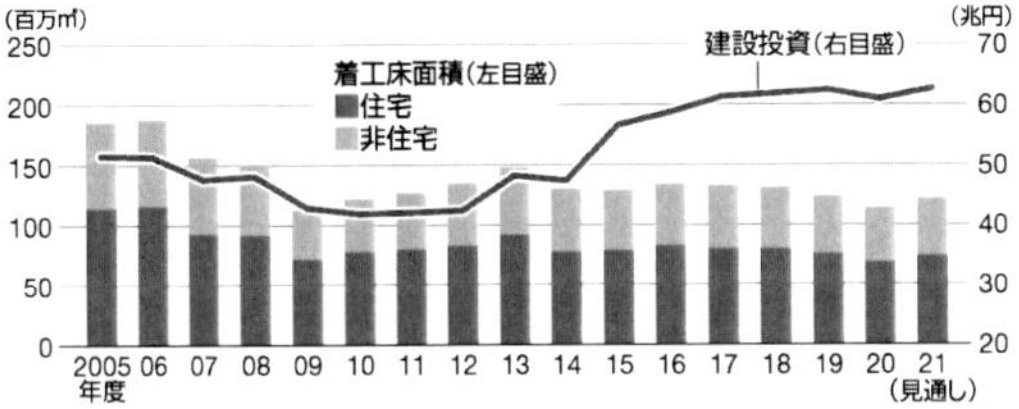

(出所)国内建設投資(名目値)の推移は国土交通省「建設投資見通し」。建築着工床面積の推移は国交省「建築着工統計」(2011年度以前は日本建設業連合会「建設業ハンドブック」)

「スーパーゼネコンとサブコン大手の営業利益率推移」（次図）を見ると、スーパーゼネコン上場4社の利益率はここ数年、急低下している。対して、高砂熱学工業や三機工業など空調工事大手4社の営業利益率は大きくぶれることなく、底堅く推移している。

営業利益率の低下に苦しむゼネコン、底堅いサブコン

スーパーゼネコンとサブコン大手の営業利益率推移

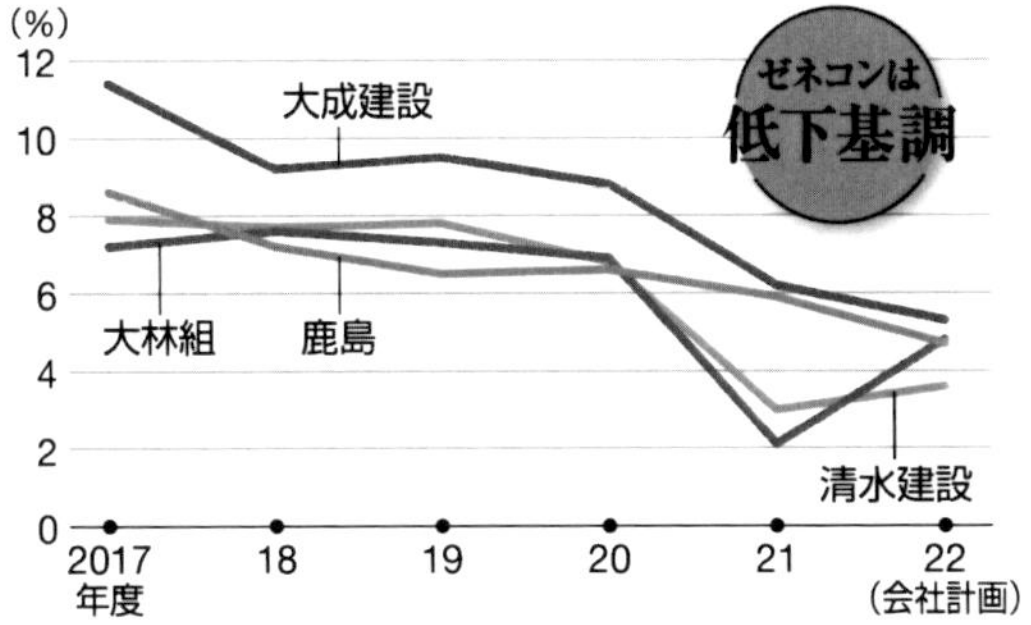

(出所)各社の資料を基に東洋経済作成

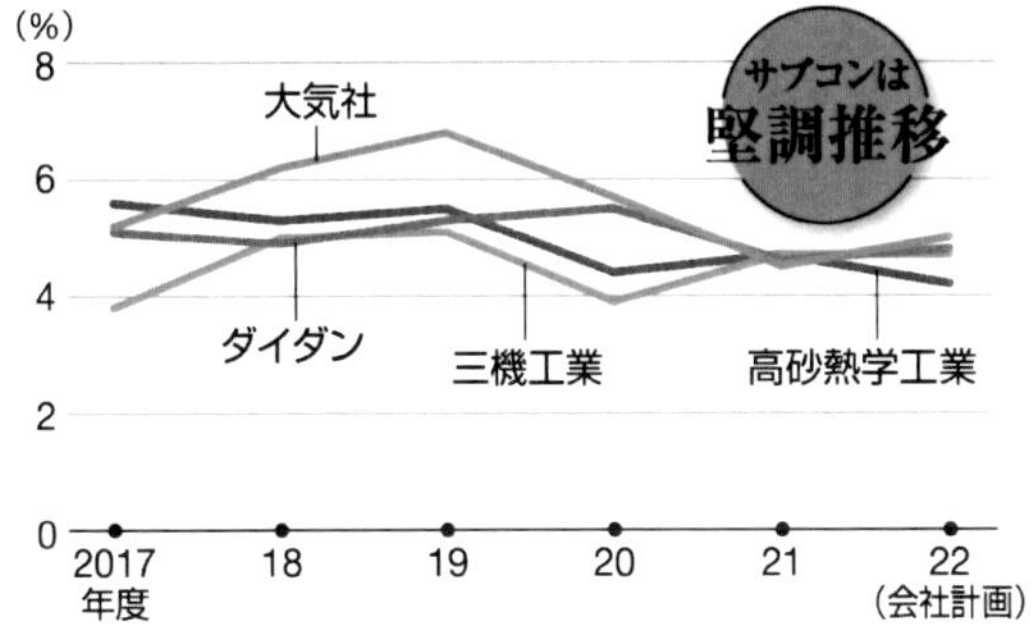

空調工事大手はかつて、オフィスビルを中心とする大型施設に力を入れていた。が、ここ数年は半導体工場や医療関連の研究施設など、産業分野の受注に注力している。産業分野では、付加価値の高い省エネ化工事やクリーンルームなど精密空調機を導入できる。かつ、オフィスビルなどの工事は基本的にはゼネコンを経由して間接受注するが、産業分野はメーカーから直接受注するケースがあり、採算がよい。

「空調工事大手は、工事を取るためにゼネコンの無理な要求に泣き寝入りする必要はなくなった」。空調工事業界の関係者はそう話す。

準大手ゼネコンの経営者も「ゼネコンはかつて、建設不況期は下請け業者に工事代金の値下げを強引にのませることでしのいできた。だが、今の時代はそんなことをしようものなら、下請け業者からそっぽを向かれてしまう」と話す。

一気に高まる再編機運

ゼネコンは今後、不確かな時代に突入する。少子高齢化に伴う国内建設投資の縮小や慢性的な人手不足など課題が山積している。

こういった事業環境の変化を受け、ゼネコン業界では目下、再編機運が一気に高まっている。再編といっても、これまでのようにゼネコンとゼネコンが統合される「1＋1」の形式ではない。今後は新たな「3つの形」で再編が進むと考えられる。


「あれにはびっくりした」。スーパーゼネコンの首脳が驚くのは、総合商社大手の伊藤忠商事が、準大手ゼネコン・西松建設へ2021年12月に出資したことだ。総合商社が大手ゼネコンに出資することは、それまでにはなかった。

伊藤忠の狙いは、成熟市場とされる建設市場でグループ内のリソースを使って多角化展開し、新たな鉱脈を掘り起こすことだ。伊藤忠のように、今後はゼネコン業界に異業種が参入してくるケースが増えていきそうだ。これが再編の新しい形の1つ目だ。

大再編 1 「異業種」参入

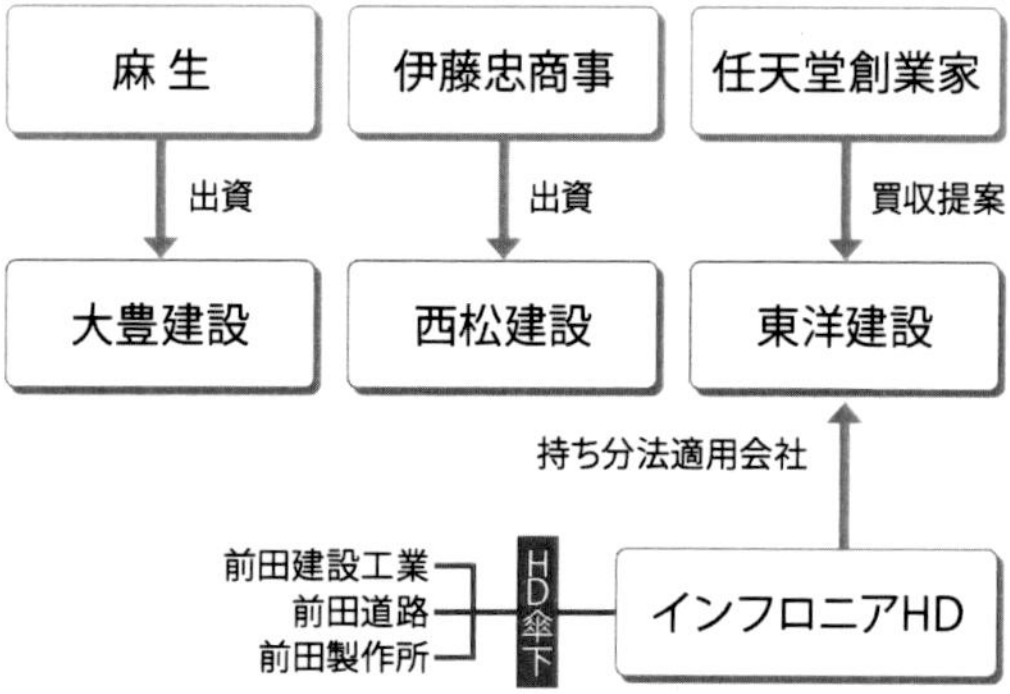

(注)社名は一部略称

２つ目は、緩やかなアライアンスである。鹿島と竹中工務店、清水建設が幹事となって、次世代技術の開発で連携する「建設ＲＸコンソーシアム」が２１年９月に発足したことが代表例だ。

主な大手ゼネコンの再編をめぐる動き

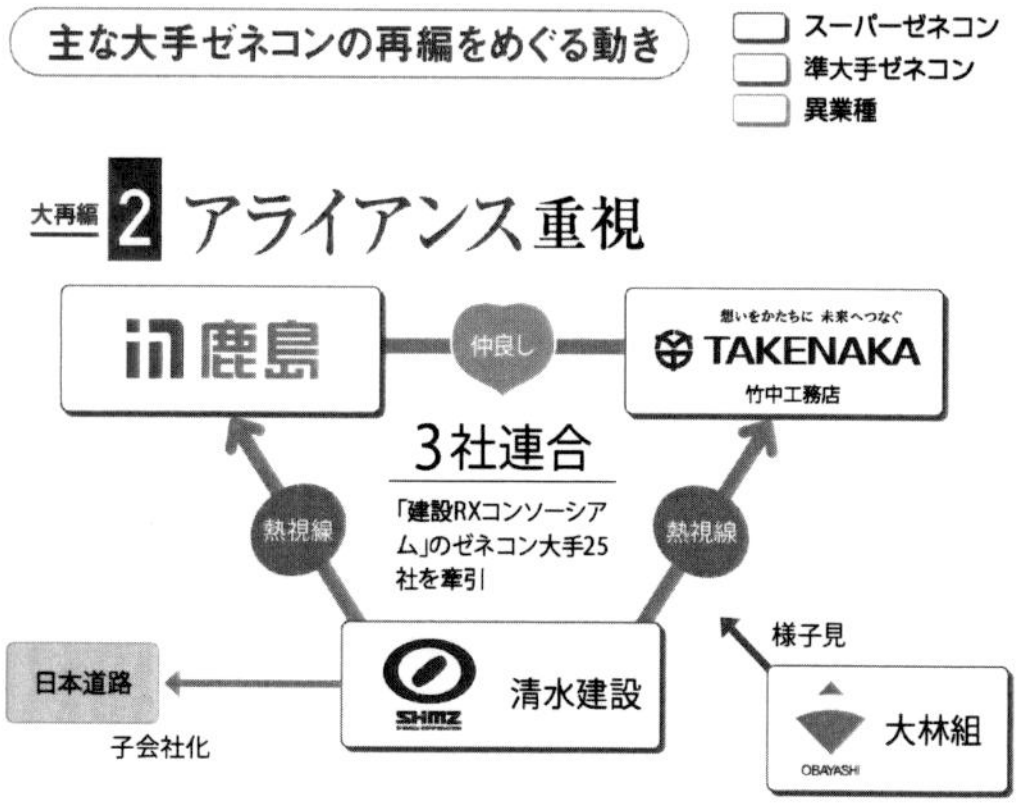

3つ目はM&A(合併・買収)によるグループ化である。戸田建設が昭和建設を、高松コンストラクショングループが大昭工業を子会社化した動きがこれに当たる。

大再編 3

M&Aによる「グループ化」志向

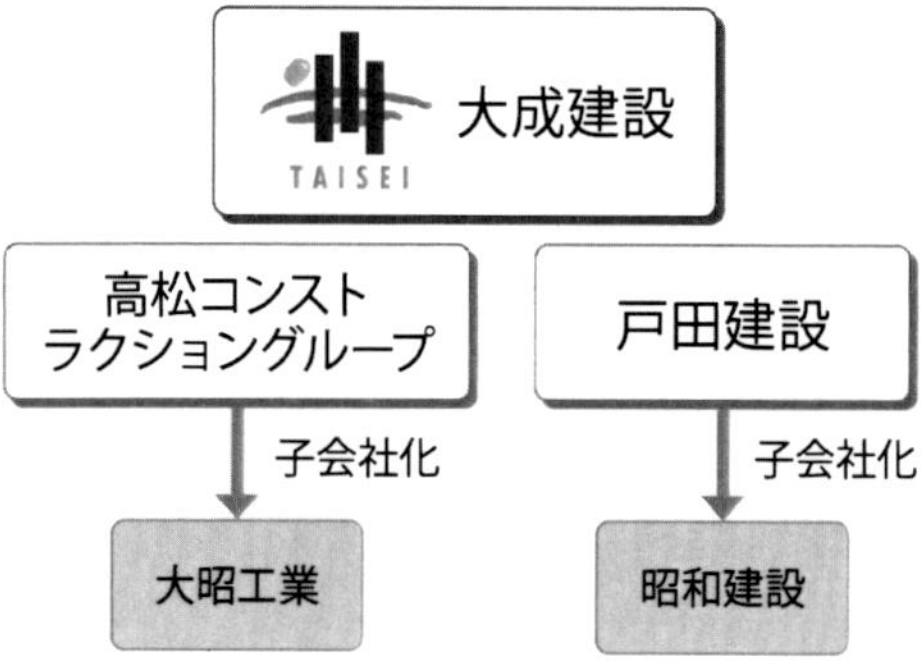

再編機運の高まりの背景には、2つの事情がある。

1つは次世代技術への対応だ。

脱炭素化やDXに代表されるように、社会のサステイナビリティーが重要度を増しており、こういった技術の開発では個社での対応には限界があると、ゼネコン各社は悟り出したのだ。「今まで労働集約型だった建設業は、技術優先型の産業に変わっていく必要がある」。大成建設の相川善郎社長はそう強調する。

再編機運の高まりの背景にあるもう1つの事情。それは少子高齢化に伴う国内建設市場の先細りを見据えて、ゼネコン各社が新たな食いぶちの確保に躍起になっている点だ。つまり、既存の柱である建設分野に加え、非建設分野を拡充する「両利きの経営」を追求するために、異業種や同業者との連携強化を図っているのだ。

「参考にしたのは『両利きの経営』」。スーパーゼネコンの一角、大林組で新領域のビジネスを推進する戦略部隊「ビジネスイノベーション推進室」を率いる堀井環室長はそう語る。

2021年4月の同室立ち上げの際、40人のメンバーでのコンセプト作りや組織運営プロセス構築の参考書として、経営書『両利きの経営』（チャールズ・A・オライリー／マイケル・L・タッシュマン著・東洋経済新報社刊）を参考にしたという。

『両利きの経営』は、既存事業などを継続して深掘りしていく「知の深化」と、新しい領域を開拓する「知の探索」という2つの側面をバランスよく推進できている企業ほど、イノベーションが起きてパフォーマンスが高くなると指摘している。

「高度成長期は1つの領域で拡大していけばよかったが、不確実なこれからの時代は中期的な仕組み、仕掛けが必要だ。トライ・アンド・エラーを繰り返しながら、新領域事業のプロセスを評価する仕組みを確立したい」（堀井室長）

大林組は新領域として、グリーンエネルギーや産業DXといった分野を挙げる。「アイデアが出てから5年を目安に事業化したい。22年度中に、具体的な事業化案件を発表したい」と、堀井室長は意気込む。

100年後を見据える

建設事業を主力としながらも、次の一手として非建設分野を拡充する大手ゼネコンは多い。新たな収益源を見いだす「探索」の領域として、各社が力を入れているのが不動産関連事業だ。

例えば伊藤忠から出資を受けた西松建設。2018年ごろから伊藤忠と不動産開発事業で協業しており、今後は連携をいっそう強化して非建設分野のビジネスを拡大していく算段だ。「今後100年を考えて伊藤忠と組んだ」と、西松建設の幹部は語る。

REIT（不動産投資信託）に参入する大手ゼネコンも相次いでいる。清水建設、大成建設、西松建設といった超大手から準大手までのゼネコンが、私募REITの立ち上げを次々と宣言している。

不動産関連事業は建設事業との親和性が高く、ゼネコン各社は過去にも不動産開発を積極化したことがある。ただ、かつてはあくまでも建設工事につなげるための開発でしかなかった。現在、各社が傾注しているのは、建物からの賃貸収入など工事完成後の安定収益も狙ったものだ。

不動産含み益ランキング

順位	社名	含み益（億円）	前期末賃貸等不動産 時価（億円）	簿価（億円）
1	大林組	2,274	6,478	4,203
2	鹿島	2,170	4,363	2,192
3	清水建設	2,057	5,789	3,732
4	大和ハウス工業	1,841	14,696	12,855
5	戸田建設	1,103	2,267	1,163
6	積水ハウス	827	5,197	4,369
7	大東建託	773	1,552	779
8	西松建設	422	1,718	1,295
9	巴コーポレーション	346	448	101
10	大成建設	341	1,263	921
11	奥村組	313	668	354
12	錢高組	308	437	129
13	三機工業	189	242	52
14	長谷工コーポレーション	170	1,453	1,282
15	インフロニア・ホールディングス	136	334	197
16	名工建設	67	113	45
17	新日本建設	59	140	80
18	松井建設	58	189	130
19	ナカノフドー建設	54	189	134
20	徳倉建設	50	120	69
〃	関電工	50	276	226
22	日本リーテック	40	73	33
〃	東急建設	40	278	238
24	東鉄工業	33	43	9
25	サンテック	29	84	54
26	ライト工業	24	90	66
〃	佐藤渡辺	24	40	15
28	大本組	21	50	28
29	矢作建設工業	20	193	173
30	富士ピー・エス	18	31	12
〃	サンユー建設	18	70	51

（注）含み益は、賃貸等不動産の時価と貸借対照表計上額の差。前期末時点。億円未満切り捨て。対象は、証券取引所の業種分類が建設業の上場企業
（出所）各社有価証券報告書

先の表は有価証券報告書に記載されている、賃貸等不動産の時価と貸借対照表計上額（簿価）との差、つまり不動産の含み益を金額の多い順にランキングしたものだ。

1位には大林組がランクイン。同社は「赤坂インターシティ」（東京都港区）や「グランフロント大阪」（大阪府大阪市）といった大型施設を賃貸ビルとして保有している。「東京や大阪で不動産開発を進めてきたが、こうした都市部で賃貸事業を中心に展開していることが含み益の大きい理由だろう」と、大林組のＩＲ（投資家向け広報）担当者は話す。両利きの経営が進展するにつれて、賃貸不動産の含み益がより注目されるかもしれない。

ゼネコン各社は、今後の混沌とした世界をどのような戦略で生き抜こうとしているのか。まずは異業種との連携にその解を見いだそうとしている事例から見ていこう。

（梅咲恵司）

異業種が見いだす鉱脈

「西松建設をパクッといったのは、いかにも伊藤忠らしい」。総合商社のあるベテラン社員は破顔一笑する。

伊藤忠商事は2021年12月、1874年(明治7年)創業の老舗ゼネコン、西松建設の株式を議決権ベースで約10%取得し、西松建設の筆頭株主となった。総合商社が大手ゼネコンの筆頭株主になったのは、今回が初のケースだ。

商社関係者から「パクッといった」と揶揄される伊藤忠だが、決してそうではない。あくまで腰を据えて関係を構築し、ビジネスの裾野を広げる狙いがあったのだ。

というのも伊藤忠は、子会社や出資先を通じて建材の製造や販売を手がけている。また、子会社の伊藤忠都市開発に至っては物流施設やデータセンター事業を展開。このような「建設関連分野の強化の一環として西松建設に出資した」（伊藤忠担当者）というわけだ。

伊藤忠側から協業を打診

事の発端は、西松建設が物言う株主（アクティビスト）として知られる村上世彰氏系のファンドと激しい攻防戦を繰り広げていたこと。2020年春ごろに株式の取得が明らかになって以降2年近く、丁々発止を続けていた。

そこにホワイトナイト（白馬の騎士）として現れたのが伊藤忠で、村上系ファンドの持つ西松建設株を引き受けたのだ。これにより、西松建設と村上系ファンドの「2年戦争」には終止符が打たれた。

実は両社が関係を深めたきっかけは、それより2年前の2018年のことだった。西松建設が27年までの中長期経営計画「西松ビジョン2027」を公表、開発・不動産事業に10年間で1200億円をつぎ込むとぶち上げたのだ。

「投資計画が大きかったこともあり、ビジョンを出した直後に伊藤忠が『協業できることはありませんか』と声をかけてきた」と西松建設の幹部は明かす。

このころから不動産開発で連携を模索。西松建設が22年3月に開業した「ホテルJALシティ富山」（富山県富山市、ホテルオークラと共同運営）は、伊藤忠と西松建設の共同開発案件だ。

今回、資本関係を結んだことで、両社はいっそう連携を密にして、ビジネス領域を広げていく。ただ、協業は一筋縄ではいかない側面もあるようだ。

「伊藤忠が主導する不動産開発の協業は着々と進んでいるが、西松建設が主導する（再生可能エネルギー関連事業などの）建設分野については、相乗効果が出るまでしばらく時間がかかるだろう」と西松建設の幹部は話す。

伊藤忠は西松建設にとどまらず、その後も積極的に建設市場に触手を伸ばしている。8月下旬には、総合建機メーカーで国内2位の日立建機へも出資。今後は米市場の開拓などで連携していくという。

こうした戦略の狙いについて、伊藤忠の石井敬太社長は22年5月の決算説明会で次のように述べた。

「ビル建設を請け負う、あるいは建機を造って売るというプロダクトアウト型の単純なビジネスでなく、伊藤忠が関与することで、複合的ビジネスに変えていくことができる。西松建設の場合、ＢＣＰ対策に対するデジタルシステムや簡易医療などのサービス業を共同展開することも考えられる」

つまり伊藤忠は建設市場において、これまでにない新たなビジネスを多角的に展開していきたいとの意思を表明したわけだ。

しかし、この言葉を額面どおり受け取る向きは少ない。ある準大手ゼネコンの首脳は「したたかなそろばん勘定があるはず」とみる。

この首脳は、「西松に建材を高い値段で買わせて、手数料をがっぽり取って儲けるつもりではないか」とし、「出資したといっても子会社ではないので、西松が赤字に転落しても伊藤忠のＰＬ（損益計算書）は大きく傷まない。そもそも西松のＰＢＲ（株価純資産倍率）は約１倍と低く、失敗しても大した損ではない」と指摘する。

こうした冷ややかな見方がある一方で、伊藤忠の戦略が旧態依然としたゼネコン業界に新風を巻き起こしていることも確かだ。

「まな板のコイに」救世主

異業種がゼネコンに出資したケースはほかにもある。セメントや医療関連事業の麻生（福岡県）は中堅ゼネコンの大豊建設の株を引き受け、8月末時点で出資比率50％を超える親会社となった。

「なぜ麻生グループが出資するのか。われわれも驚いた」。21年9月ごろ、大豊建設の幹部は驚きを隠さなかった。

大豊建設も西松建設と時を同じくして、村上系ファンドに40％超の株式を握られ、マネジメントバイアウト（MBO）による上場廃止を求められるなど翻弄されていた。だが、アクティビストの攻勢に対抗するすべはおろかホワイトナイトも現れず、「まな板のコイ」（業界関係者）と化していた。

困り果てていたところに現れたのが、麻生だった。21年9月に、金融機関の仲介により麻生グループの幹部と会合。その席で、麻生側から過半の株式を持ちたいこと、土木技術に興味があること、そして半永久的に株式を持ちたいことを告げられ、トントン拍子に資本提携の話がまとまった。

麻生は、言わずもがなだが自民党の麻生太郎副総裁の実家の企業で、麻生グループの中核会社。実弟の麻生泰氏が会長、泰氏の長男の巌氏が社長を務める。グループに建設コンサルティング事業などを抱えており、海洋土木の若築建設へも出資する。今後はインフラ関連分野を強化していく意向だ。

60兆円市場といわれるゼネコン業界。成熟市場とみられているが、異業種企業はそこに鉱脈を見いだし、相次いで進出している。

（梅咲恵司）

激化する東洋建設買収戦

「(提案の)すべてが教科書的な内容だ。建設業界の状況や慣習、取引内容などをまったくわかっていない」

マリコン(海洋土木)業界3位、東洋建設の関係者はため息をつく。東洋建設はこの半年間、難破船が海をさまようごとく、資本の理論に翻弄されてきた。

事の始まりは2022年3月。前田建設工業などを傘下に持つインフロニア・ホールディングス(HD)が、約2割の株式を保有していた東洋建設の完全子会社化を目指してTOB(株式公開買い付け)を実施したことだった。

ところがこれに横やりが入る。任天堂創業家の資産運用会社、ヤマウチ・ナンバーテン・ファミリー・オフィス（ＹＦＯ）が、ＴＯＢ期間中に市場で東洋建設株を買い集めたのだ。

ＹＦＯは4月、東洋建設の経営陣の合意を前提に買収を提案。インフロニアＨＤのＴＯＢ価格1株770円を上回る1000円の価格を提示した。5月中旬には、東洋建設に対して130ページにも及ぶ書簡「東洋建設の経営方針・企業価値向上策（案）」を送った。

東洋建設関係者が失望したのは、この経営方針に対してだったのだ。

この書簡をめぐっては、関係者の間で「もしかすると、われわれが気づいていない領域や戦略の提案があるかもしれない」（別の東洋建設幹部）と、期待する向きもあった。ところがその中身は、洋上風力事業の環境変化やＤＸ戦略推進への懸念などが中心だった。

「ルールチェンジの方法論が語られていないし、戦略や戦術もない。現実と懸け離れたおとぎ話の世界の『打ち出の小づち』論にすぎない」。インフロニアＨＤの関係者はこう語り、「中身がない」とばっさりと切り捨てる。

こうした経緯もあって、東洋建設関係者らは、「やはりＹＦＯは頼りない」とみているのだ。

9月にも新たなTOB

ＹＦＯは、任天堂の中興の祖として知られる故・山内溥（ひろし）氏の孫である山内万丈氏（戸籍上は溥氏の次男）が２０２０年に設立したファミリーオフィスだ。これまでフィランソロピー（慈善）事業やインキュベーション（起業や事業創出をサポートする活動）事業に投資してきた。

ＹＦＯの関係者が「ほかのファンドのように売買ゲームをしたいわけではない」と語るように、株価を吊り上げ高値で売り抜けるようなアクティビストとは一線を画している。あくまで先進的な技術などを持つスタートアップへの投資を基本とする一方で、旧態依然とした「レガシー産業」企業の変革を促す活動も重視しているという。

では、なぜＹＦＯは東洋建設に目をつけたのか。それは過去の経緯を詳細に見ていくとわかる。

2021年初頭、前田建設工業と前田道路、そして前田製作所の3社が経営統合に向けて協議していた頃、東洋建設も加わるべきか検討していた。

その際、東洋建設はシンガポールのアクティビストファンド「アスリード・キャピタル」のグループ会社とアドバイザリー契約を結んで検討していた。そのメンバーの中に、「ディレクター」の肩書で村上皓亮氏が加わっていたのだ。この村上氏は万丈氏の幼なじみで、現在はYFOの最高投資責任者である。

そうした縁に加えて、「レガシー産業は変革が必要」との思いがあって、インフロニアHDによる東洋建設買収に待ったをかけたというわけだ。

YFOに対するゼネコン業界の視線は冷たい。一様に不審がるのは、インフロニアHDのTOB価格を30%近く上回る買収価格を提示していることだ。

インフロニアHDの関係者は、「1株770円でも、少し業績が悪くなれば減損しかねない水準で、1000円なんてありえない」と指摘する。

またマリコン大手の幹部も「東洋建設には技術力や実績といった強みがなく、過大評価だ。お金持ちの〝お遊び〟にしては金を使いすぎる」と冷ややかだ。

ＹＦＯの参戦により、インフロニアＨＤによるＴＯＢは不成立となった。となると次の焦点はＹＦＯの出方で、９月下旬をメドにＴＯＢを実施するとしている。株主は異業種傘下に入ることを「是」とするのか、間もなく決断が下される。

（梅咲恵司）

INTERVIEW

「交渉入りの環境づくり必要」

東洋建設　専務・藪下貴弘

われわれとしては「ヤマウチ・ナンバーテン・ファミリー・オフィス」（ＹＦＯ）がどのような会社で、何が目的でＴＯＢ（株式公開買い付け）に介入してきたのか、それらがわからないまま今回の一連の動きが始まった印象を持っている。

４月22日には、ＹＦＯから東洋建設の経営陣の合意を前提に、ＴＯＢ価格として１株１０００円での買収提案があった。これも事前に連絡がなく驚いた。

書面上では「友好的、友好的」と言っているが、はたしてどうなのか。友好的というのであれば、事前に情報を開示し、きちんと説明を行うというプロセスがあるはずだ。

ディスシナジーの懸念

1000円という価格の算定根拠についても、もう少しわかりやすく説明していただきたい。さらに、価格に見合うだけの経営の方針なり、事業戦略なりを示してほしい。

前田建設工業（インフロニア・ホールディングス傘下）とは約20年にわたり、資本業務提携を続けてきた。共同受注や共同購買だけでなく、技術研究についても一緒に取り組んできた。

買収提案を受け入れインフロニアグループから離れるとなると、このシナジーがなくなる点も、やはり大きなポイントだ。独立して経営していくのは、ディスシナジーになる側面もある。

われわれはYFOの提案に「ノー」と言っているわけではない。まだ話し合いのステージに立てていないと思っている段階だ。そのため、まずは交渉をスタートするに当たっての環境をつくりましょうという姿勢だ。

藪下貴弘（やぶした・たかひろ）
1958年生まれ。82年東洋建設入社。2021年代表取締役（現任）、22年4月専務執行役員経営管理本部長（現任）。

【アライアンス重視】大型連携の期待と不安

25社連合は技術革新を起こせるか

正会員企業数25社、協力会員数80社超――。

江戸・明治時代に創業し、創業家が経営の中枢を担う独立独歩の会社が少なくないゼネコン業界において、アライアンスをベースにした異例の規模の組織が活動を本格化している。

組織の名前は「建設RXコンソーシアム」。RXはロボティクス・トランスフォーメーションを指す。建設ロボットや自動搬送システムの開発といった次世代技術の確立に向けて連携を図る、技術専門型の組織だ。

2021年9月にRXコンソーシアムをスタートした段階では正会員企業（ゼネコン）は16社、協力会員（通信、ソフト開発といったゼネコン以外の企業）はゼロだったが、現在の数まで膨らんだ。

「乗り遅れるとまずい。業界標準となるロボットなどが出てくると、それにいち早く対応しなければならない」（マリコン大手の幹部）との心理が働き、多くのゼネコンや企業がこぞって参画した。

「同床異夢」の実情

RXコンソーシアムに参加する企業の思惑はそれぞれ違う。

幹事役の3社（鹿島、竹中工務店、清水建設）は企業の規模のメリットを追求し、ロボットの量産化により生産費用を安くしたいとの算段だ。他方、準大手や中堅ゼネコンは、幹事役3社が主導するロボット開発に相乗りすることで技術革新の波を乗り切りたいとの、いわば他力本願的な考えがある。

そして協力会員は、「絶好のビジネスチャンスの場」とみている。大手ゼネコン25社が一堂にそろう組織のため、自分たちの強みである技術やサービスをまとめて売り込むことができる。

例えば、協力会員として参画する、建設管理アプリ「SPIDERPLUS」を展開するスパイダープラスの伊藤謙自社長は、「RXコンソーシアムの会員企業向けに講演したことがあり、当社の存在を知ってもらう貴重な場となった。今後もさまざまなアプローチを通じて、リード（ビジネスにつながる確度の高いアポイント）を獲得していきたい」と話す。

こういったビジネス上のうまみを感じて、協力会員はまだ増えていきそうだ。総合設備エンジニアリングのきんでんなど電気系のサブコン（専門業者）大手はすでに参画しているが、今後は空調系のサブコンが加わる可能性が高い。

RXコンソーシアムでは、研究テーマごとに9つの分科会が設けられている。資材の自動搬送、タワークレーン遠隔操作、作業所廃棄物のAI（人工知能）分別処理などその範囲は多岐にわたる。

ところが、問題は量産化の時期が当初想定よりも遅れていることだ。「現場検証に入っているロボットもあるが、登山に例えると8合目ぐらいで止まっている技術が多く、大量生産に踏み込めていない」と、RXコンソーシアムの伊藤仁会長（鹿島建設の専務執行役員）は明かす。

意見調整で思わぬ難航

タワークレーン遠隔操作システムや照度測定ロボットなど、技術開発が量産化にあと一歩のところまで進んでいるものもある。だが、母体が大規模な組織で、しかも建築は現場ごとに個別対応しなければならない側面も大きい。規格の標準化など、最後の意見調整に多大な時間がかかっているという。

「2024年4月に建設業の残業上限規制が導入されるので、そこまでには9分科会の技術テーマはゴールまで持っていきたい」と、伊藤会長は意気込む。

会社ごとの小さな意見を超えてまとまらなければならないという大きな課題が残るものの、技術開発を見据えて、特定分野でアライアンスを組む動きも出てきている。

鹿島、竹中工務店、そして総合化学品会社デンカを幹事役に、NEDO（新エネルギー・産業技術総合開発機構）のグリーンイノベーション基金事業に基づき「CO2を用いたコンクリート等製造技術開発」を促進するコンソーシアムが、6月に発足した。CO2を固定するカーボンネガティブコンクリートの技術開発を進める。

「川上から川下まですべてを個社で開発する時代ではない」。現在は未加入だが参加を検討している大林組の蓮輪賢治社長がそう語るように、社会情勢の変化に対応していくには、特定の分野ごとの大同団結が解の1つかもしれない。

（梅咲恵司）

「2022年に量産化したい」

鹿島建設 専務・伊藤 仁

正会員は年間20万円、協力会員も同10万円と、建設RXコンソーシアムの年会費は破格だ。

研究開発費は分科会ごとの「独立採算制」を採用しているが、まだ量産化までこぎ着けていないので、傘下企業の分担額は決まっていない。ただ、技術はもともとその要素を幹事3社（鹿島、竹中工務店、清水建設）が持っていたものなので、量産化に至るまでの開発資金はそれほど増えない。

幹事3社の負担大

9つの分科会は幹事3社が分担してリーダー役を務めているが、3社は正直、目いっぱいの状況だ。やはり、未加入の大林組と大成建設にはRXコンソーシアムに参加していただきたい。

BIM（3次元設計）についても、RXコンソーシアムでの連携を模索している。幹事3社で「BIMコンソーシアム」という別組織を設けており、そこでBIMソフトを共通化するための「ファミリー・GDL」などをつくっている。ファミリー・GDLとはBIMを使って建築モデルを作る際のバーチャルの「部品」のことで、窓や柱、建具など多岐にわたる。これらが標準的に整備され、各種データなどを連係することができれば、BIMによる業界全体の効率化が可能になる。

量産化については、思ったよりも時間がかかっている。現場検証に入っているロボットもあるが、現時点では大量生産に踏み込めていない。

タワークレーン遠隔操作システムや照度測定ロボットは技術的には完成しているので、2022年内には量産化したい。

伊藤　仁（いとう・ひとし）

1955年生まれ。79年鹿島建設入社。2009年執行役員、21年専務執行役員建築管理本部副本部長（現職）。

【グループ化①】「堅実経営」のはずが…

清水建設　拡大戦略の2つのリスク

「最近の京橋さんはどうなってしまったのか」。大手ゼネコンのある中堅社員は、東京・京橋に本社を構え、業界で「京橋」と呼ばれる清水建設についてこう語る。

同社は足元の業績が冴えない。2022年3月期は売上高1兆4829億円に対し営業利益451億円、営業利益率が3・0％と低水準だった。今23年3月期も売上高1兆9600億円、営業利益715億円と、営業利益率は3・6％にとどまる見通しで、21年3月期の同6・8％に到底届かない。

首都圏を中心とする大型再開発案件の受注を積極化した結果、競争激化による低採算受注の増加や、昨今の資材高が影響している。

業績の低迷で株価も冴えない。8月26日現在の株価は774円、時価総額は

6103億円と、トップの大成建設と比べて2000億円以上も低い。

1804年（文化元年）、江戸時代に創業した清水建設は、「日本資本主義の父」とされる渋沢栄一を相談役に招くなど、同氏と関わりが深い。渋沢が唱えた「論語と算盤（そろばん）」（企業利潤と社会道徳の調和）の精神を受け継ぎ、堅実で地道な経営を標榜してきた。

1990年代初頭、バブル崩壊の影響で多くのゼネコンが不良資産に苦しむ中、多額の損失を計上し、いち早く不良資産の処理に踏み切ったことは今でも語り草だ。

日本道路TOBの狙い

「業態を拡大していくために、M&A（合併・買収）やアライアンス（提携）を組むという動きは、今後間違いなく増えていく」。清水建設の井上和幸社長はゼネコン業界の今後の動向についてこのように見通す。

3月、持ち分法適用会社だった日本道路に対するTOB（株式公開買い付け）が成立。清水建設による日本道路株の持ち株比率は、従来の25％弱から50％超に上昇した。

日本道路の前身は1929年設立の日本ビチュマルス鋪装工業。清水建設は54年の増資引き受けで約25％の株式を取得して以来、持ち株比率を変えず関連会社として連携してきた。日本道路の株式の過半を握ることでより密に連携し、民間工事の受注拡大や海外事業展開を推し進める算段だ。

井上社長は、「歴史的に見ても、日本道路とはいろいろご縁があった。今後は、お互いシナジー効果を発揮する努力をしていく」と強調する。

非建設事業の拡充も図り、「両利きの経営」を進める。注目は世界最大級の大型SEP船（自己昇降式作業船）の建造だ。

清水建設は大型SEP船の建造に取り組む　写真：清水建設（2022年4月撮影）

建造は順調に進んでおり、22年10月には完成する見通し。母港も北海道の室蘭港に決まった。SEP船の運航に関しては、アライアンスを組むノルウェーのフレッド・オルセン・オーシャン社から技術協力を得る。

日本企業は、12メガワットの大型風力設備に対応できるSEP船を今のところ持っていない。清水建設が建造中の大型SEP船が完成すれば、ブレードやタワー（支柱）といった風力用の部材を積める物量が特段増加する。大型SEP船の建造を単に洋上風力の工事受注につなげるだけではなく、船の賃貸による運営収益も狙う。

成長に向けてさまざまな手を打つ清水建設。だが株価が映し出すように、今後の経営には大きく2つの懸念材料がある。

1つは受注時採算の低下だ。

「（京橋さんは）体力があるなあ」。大手ゼネコンの首脳がそう感想を漏らすのは、高さ390メートルで日本一高いビルとなる「トーチタワー（Torch Tower）」（東京・大手町、27年度竣工予定）をめぐる受注のことだ。清水建設はこのほど、受注の優先交渉権を獲得した。

トーチタワーの総工事金額は1500億円程度とされている。この金額は、ゼネコン業界内では異例の数字とみられている。

「当社は、清水建設の入札価格よりも30％以上高い金額でしか提示できなかった。社外取締役などからの反対もあり、それより低い価格にはできなかった。ガバナンスや経営面でマイナスの評価を受けてしまうと判断したからだ」（大手ゼネコンの社員）

工事の採算は悪化する

「トーチタワーは最先端の環境対応技術が求められ、昨今の資材高の影響も大きく、建設コストが多額になる。原価低減策の『ウルトラC』があるなら別だが、そんなものはないだろう。工事の採算は間違いなく赤字になる」（スーパーゼネコンのベテラン社員）
このような大型案件は採算性が低くなりがちで、会社の利益を圧迫するケースが多々ある。実際、数々の大型再開発案件を抱える清水建設は22年3月期決算において、複数の建築工事で工事採算が悪化し、営業利益は300億円を超える下方修正を強いられた。清水建設は工事進行基準の会計（工事の進捗に応じて収益と原価を計上する）を採用しているため、大型案件が続く限り利益率の急回復は望めない可能性もある。

もう1つの懸念材料は、成長戦略の武器であるはずの大型SEP船だ。

洋上風力の風車は大型化が進んでいる。清水建設が建造する大型SEP船は12メガワットクラスの洋上風車にも対応可能だ。だが、「今後世界は15メガワットクラスの競争になる」（準大手ゼネコンの経営者）。清水建設のSEP船が洋上風車の大型化にどこまで対応できるのか、課題は残る。

大型SEP船だけに、多額の維持費も発生する。SEP船の建造には約500億円を投じている。15年かけて減価償却する計画だが、「清水が所有するような大型SEPともなると、償却費を含めて年間で70億～80億円の経費がかかる」（前出の準大手ゼネコンの経営者）との見立てもある。

清水建設のＳＥＰ船はすでに洋上風力２件での稼働が決まっている。竣工初年度にいきなり減損処理するような可能性は低い。だが、今後十分な収益を計上できなければ維持費が先行し、利益を圧迫する懸念もある。

（梅咲恵司）

大和ハウス　データセンターへ果敢に攻勢

　JR品川駅港南口から10分ほど歩いたマンション街の一角。その地で「DPDC（ディープロジェクト・データセンター）品川港南サイト」の工事が進んでいる。「DPDC」とは、大和ハウス工業が4月に立ち上げたデータセンター（DC）ブランドだ。品川港南サイトは同社の都内初のDCとなる。敷地面積はテニスコート22面分に当たる5773平方メートル、地上7階建てで延べ床面積は2万3837平方メートル余りになる。

　もともと大和ハウスはDCの分野で強みがあった。2000年代初めからDC事業に乗り出した子会社のフジタは最近も東京都三鷹市で大規模DCを施工するなど、グループ内にノウハウがあった。

大和ハウスは2008年に小田急建設を持ち分法適用会社化（15年8月に完全子会社化し、同10月にフジタと経営統合）、13年にはフジタを完全子会社化した。自社の物流施設のノウハウだけでなく傘下のゼネコンも活用して、「DC」という金脈を掘り進める算段だ。

18年には千葉県印西市に土地を購入し、1000億円を投じて総延べ床面積33万平方メートルに及ぶ14棟のDC群を建設中だ。これとは別に、25年度までに1000億円を投じて首都圏でDC6棟を新たに建設する。同社は公表していないが、冒頭の品川港南のほか、品川区で1棟、東京都青梅市で3棟、印西市の別の場所で1棟のプロジェクトが進行中だ。

「恐る恐る参入」

大和ハウスは近年、物流施設の開発を破竹の勢いで進めてきた。だが、事業施設を担当する浦川竜哉常務は、「物流施設の需要はピークを過ぎていると感じる」と話す。

供給に過剰感があり、「満床になるまで時間がかかるようになった」という。

そうした中、大和ハウスが目をつけるのがDCだ。

「デジタル田園都市国家構想」を進める政府は、今後のデータ流通量増加を「10年で30倍以上」とみる。災害時のリスク分散の観点から地方を含めた全国エリアでのDC整備が急務とし、1000億円を超える補助金を出して土地造成や通信網整備の準備を進める。

DC調査会社のIDC Japanによれば、2022年の国内のDC建設投資額は前年比21・2%増の2236億円。23年の投資規模は22年の約1・8倍となる4000億円超に膨れ上がり、26年まで同水準で投資が続くと予測する。

国内データセンターへの巨額投資が続く

最近の主なデータセンター投資

[企業・開発地]	[投資額]
大和ハウス工業（千葉県印西市、東京都港区など）	2000億円超
三井物産（千葉県、京都府など）	3000億円
プリンストン・デジタル・グループ シンガポール（さいたま市）	1100億円
エクイニクス 米国（千葉県印西市）	3200億円（海外を含む）

（出所）第1回 デジタルインフラ（DC等）整備に関する有識者会合（2021年10月19日）資料などを基に東洋経済作成

大和ハウスは、第7次中期経営計画（22～26年度）で、物流施設など事業施設への投資を1兆5000億円に拡大する（前中計では3年間で6700億円の実績）。1兆5000億円のうちDCへの投資は、印西の開発と合わせ25年度までに2000億円超という規模だ。ただし、外資系大手の日本GLPが2028年ごろまでに1兆円以上のDC投資をぶち上げるのと比べると、控えめに見える。

「われわれは（DCに）恐る恐る出ていっている状態。安易に踏み込むべきではない。じっくり考えながらやっていかなければならない分野だ」

そう語るのは、大和ハウスの芳井敬一社長だ。

DC開発の難しさは3つある。まず、地震国である日本において、強固な地盤であることが大前提となる。大和ハウスでDC開発を担当する、建築事業本部データセンター推進室の石原聡グループ長は、「地盤の強度については徹底的に調べる。外資系はとくに地震に神経質だ。水害から建物を守ることも必要だ」と話す。

次に通信網はもちろん、電力も確保しなければならない。サーバーの稼働に加え、大量に放出される熱を冷ます空調にも多大な電力を必要とする。扱うデータ量の多い外資系の中には、日本の事業者の10倍、1棟当たり50メガワットの規模で電力を必要とするところもある。

とくに郊外では電力の確保は難しい。印西では、たまたま東京電力グループが新しい変電所を計画していて、それを大和ハウスが誘致できた。青梅のケースでは、建設用地にもともと特別高圧の電線が引かれていた。ほかの郊外エリアでは、いつもこううまくはいかない。

大容量の電力を再生可能エネルギーで賄うとなると、さらにハードルが上がる。海外では水力発電が多いが、日本では発電量が不安定な太陽光が再エネ電力のメインであり、発電の不安定さをカバーするには巨大な蓄電池が必要だ。石原グループ長は、「(DC開発を検討している)北海道の候補地は洋上風力に力を入れているが、洋上風力で供給できる電力は小規模になる」と実情を話す。

0・01秒の差が命取り

そして、ＤＣデベロッパーにとって3番目にして最大の課題が、企業ニーズに適した立地の確保である。

経済産業省は２０２２年4月、政府のＤＣ地方分散の方針に沿って、全国地方都市78カ所の候補地を公表した。秋田県に１３カ所、北海道に7カ所などとなっている。ＤＣ誘致のための調査にも補助金が出るとあって、自治体は企業誘致に力が入る。

これまで、地方都市で工業団地を開発し、そこにメーカーなどを誘致して物流施設も開発する手法で、顧客企業のニーズを掘り起こしてきた大和ハウス。しかし、前出の浦川常務は、「ＤＣは勝手が違う。地方にもニーズはあることはあるが、規模感が合わない。首都圏からわざわざ地方に出るユーザーも少ない」と指摘する。

自動運転や医療分野でもデータ通信が活用されるが、そうした世界では０・０1秒でも通信に遅延が出ると命取りになる。サーバーからの距離が遠ければ遠いほどデータ通信の遅延は避けられなくなり、データの巨大集積地である東京都心との接続に支障がないエリアは、首都圏では印西市、青梅市といった地域が限界となる。

「われわれとしても地方でのＤＣ開発はやりたい。お客さんのニーズがあれば、ノ

ウハウを総動員してどこにでも建てる。しかしニーズもない所でカラの施設を造るわけにはいかない」（浦川常務）

ＤＣ開発にブランド名までつけて攻勢に出る大和ハウス。理想と現実のギャップを埋めるのは、容易ではなさそうだ。

（森　創一郎）

「建設業は労働集約産業から技術優先産業へ変貌する」

大成建設　社長・相川善郎

建設業界の再編は必要だと考えている。この2年ぐらい社会のサステイナビリティー（持続可能性）が非常に重要視されていて、企業にも脱炭素化といった技術の開発が急速に求められている。そういう中において、労働集約型だった建設業は技術優先型の産業へ変わっていく必要がある。

大成建設は、技術革新や技術開発に積極的に投資している。世界的に見ても最先端の技術をどんどん開発し、社会のサステイナビリティーに対応しつつある。

だが地方のゼネコン、あるいは中堅以下のゼネコンはそこまで大きな投資ができない。技術開発になかなか投資できないようなゼネコンは、われわれと一緒になって経営していくことがお互いにとってよいだろう。

まず1社買収を実現する

基本的なスタンスとしては、私どもの弱いところを補強するような、あるいは強いところをさらに強くするようなM＆A（合併・買収）を模索している。

例えば当社は関西圏の営業力が弱いので、関西方面に根付いている営業力の強いゼネコンと組めれば、弱みを補強できる。あるいは環境配慮への意識の高まりからこれから木造建築の需要が増えてくるので、木造系の建築が強いゼネコンも一緒に経営していければよい。

M＆Aを前向きに実施しようとしているが、なかなかすぐには結果を出せない。ゼネコンのおよそ9割はオーナー会社。独立独歩で経営していくという意識の会社も多い。そういった意味で、簡単に「じゃあ大成建設グループに入りましょう」とはならない。建設業界はとくにその傾向が強い。

しかし、やはりまず1社は手がけたい。1社実現すれば、どんどん（次の案件に）つながっていく。

国内の建設投資については、2021年の後半ぐらいから公共投資関係において安定して工事案件が出ている。22年に入って、民間の建設投資もどんどん増えていて、今は21年の東京オリンピック前の建設投資が活況だった状況に戻りつつある。

受注の価格競争はまだ厳しい。民間の入札でダンピングがいまだに散見される。われわれはあくまで採算重視、利益最優先のスタンスで臨むようにしている。

（聞き手・梅咲恵司）

相川善郎（あいかわ・よしろう）
1957年生まれ。80年東京大学工学部建築学科卒業、大成建設入社。2013年執行役員、20年6月から現職。

「川上から川下までの領域を個社開発する時代ではない」

大林組　社長・蓮輪賢治

物価の高騰や円安などにより資材が高値圏で推移し、企業業績に影響している。建設業のみならず経済を取り囲む環境が大きく変わってきているので、先行きが見通しにくい状況だ。

ただ直接的な影響よりも、今回の物価高は建設業界の課題を浮き彫りにした側面があることも指摘しておきたい。

工事請負事業者の契約約款にはスライド条項（物価の変動などによる請負代金額の変更）について、厳格な取り決めがない（注：民間建築工事では資材高などによる費用増は基本的に請負事業者が負担する慣習になっている）。

一部の諸外国では建設を発注した側も物価高騰というリスクを分担し、発注者と受注者とが対等な立場で物価変動リスクを契約の中に織り込んでいる。物価の高騰時だけではなく、下落時も含めて物価の乱高下にどう対応し、リスクヘッジしていくかは、発注者側にも考えてほしい問題だ。

物価が高騰したときも下がったときも10％を受注者側の許容範囲とし、それ以上は請負代金を必ず変更するという方策も考えられる。価格変動幅は10％がいいのか5％がいいのか、総額か個々の品目（材料）で議論するのかなど、論点はいろいろある。

異業種連携を模索

（M＆Aに積極的なゼネコンも出ているが）大林組は業界再編を目指してM＆Aを手がけるというスタンスではない。成長戦略に沿って事業のポートフォリオを見直す際に、国内外を問わずに展開を強化していく中で、M＆Aは選択肢の1つとして考えている。

（脱炭素化やDXなど幅広い対策が求められるため）川上から川下までのすべてを個社で開発する時代ではない。建設RXコンソーシアムのように、次世代の技術開発の際に緩やかにアライアンスを組む姿勢は、おそらく大正解だ。ゼネコン同士の連携だけではなく、いろいろなスタートアップやまったく違った分野で事業展開する異業種の企業との連携も検討している。

大林組では、（西松建設が伊藤忠商事の出資を受けたように）請負事業で商社と組むようなことは考えにくい。開発した技術を社会に役立つよう広く使ってもらうために、商社のノウハウとかマーケットに対する感性とか、そういう力を借りたほうがいい場面もあるかもしれない。

（聞き手・梅咲恵司）

蓮輪賢治（はすわ・けんじ）
1953年生まれ。77年大阪大学工学部卒業、大林組入社。テクノ事業創成本部長などを経て、2018年3月から現職。

「建設業の『2024年問題』に果敢に挑戦していく」

清水建設　社長・井上和幸

建築の分野では首都圏を中心に大型の再開発案件が豊富だ。カーボンニュートラルや再生可能エネルギー利用などの必要性が増していることを背景に、研究開発施設や半導体工場、物流施設といった工事も増えている。

自然災害対策として、インフラ整備も欠かせない。土木工事も底堅く推移しそうだ。

一方で、競争はきつい。それをどう乗り切っていくかが問われている。決算が示しているとおり、非常に厳しい状況であることは確かだ。仕事（受注残高）はあるので、獲得の仕方、営業の仕方を工夫していくしかない。以前から、採算重視の受注に軸足を移していくと言っているが、その考え方はまったく変わっていない。

今後の受注については、次の3つを重点に置いている。さまざまな資材が高騰しているので、しっかりと協議できるように契約の内容を見直そうと、顧客と個々に折衝している。これが1つ目。

2つ目としては、VE（バリューエンジニアリング）提案（性能、機能を維持または向上させつつ、コストダウンを図る提案）を、施主に認めてもらえる精度にまで高めていく。

3つ目は、大型工事が増えてきているので、施工体制をさらにしっかりしたものにしていきたい。

領域補完の連携は増える

建設業界では「2024年問題」が控えていて、24年4月から職人一人ひとりの残業時間に上限が課せられるので、一層の生産性向上が必要となる。顧客から、例えば「物件の販売戦略上、施工時期を前倒ししてもらえないか」と相談された場合、今までであれば現場の努力で何とか乗り切ることもできた。しかし残業の上限ルールが設けられると、現場だけで対応するのは難しくなる。

そうなったとき、ほかの工事に影響を与えずに特定の現場に多くの作業員を回せるのか。残業規制を見据えた施工体制、管理体制に挑戦していかなければならない。

業態を拡大していくためにM＆Aやアライアンスを組む動きは、今後間違いなく増えていく。エネルギー関係や不動産、海外の会社など自分たちのビジネス領域を補完するような、あるいは自分たちのビジネスとのシナジーを発揮するような会社と連携することは増えるだろう。

（聞き手・梅咲恵司）

井上和幸（いのうえ・かずゆき）
1981年早稲田大学大学院理工学研究科建設工学修了、清水建設入社。2013年執行役員、16年4月から現職。

「REIT参入」の乱打戦

「非建設分野の強化」へ――。大手ゼネコンは目下、従来とは違う不動産事業を活発化させ、建設と非建設という「両利きの経営」に乗り出そうとしている。

象徴的なのは、REIT（不動産投資信託）への参入だ。

大成建設は2023年6月に私募REITの運用開始を目指す。清水建設も23年初頭の運用開始を狙う。準大手の西松建設は23年の夏に、私募REIT立ち上げを計画している。

私募REITなどの組成準備は着々

主な大手ゼネコンの動き

企業名	開始時期	資産規模など
鹿島	2018年6月	私募REIT 当初250億円 → 5年後1000億円
清水建設	2023年初頭	私募REIT 当初300億円 → 5年以内に1000億円
大成建設	2023年6月	私募REIT 当初150億円 → 3～5年後500億円
西松建設	2023年夏	私募REIT 当初360億円 → 2027年度1000億円
高松コンストラクショングループ	未定	私募ファンド設立を視野に、今後3年間で不動産開発に600億円投資

狙うは1000億円規模

大成建設は当初150億円規模でREITを運用し、3～5年後に500億円規模、将来的には1000億円の運用をもくろむ。不動産の種類としてはオフィスビルや物流施設、ホテルなどを開発し、REITに売却する。

「東京を中心に大都市圏での展開を想定している。テナントが入った状態で長期間保有し、運用利回り4%を目指したい」（資産運用会社「大成不動産投資顧問」の草場俊明社長）

大成建設は全国に280人超の人員がいる都市開発本部を軸に、不動産関連の事業を展開してきた。かつては建設事業の一環として土地を購入し開発していたが、ここ数年は賃料収入を得る目的で賃貸ビルなどの不動産開発を積極化している。

都心部の再開発事業に参画し、施設運営までつなげるケースもある。

例えば、東京都港区の芝浦水再生センター地区の再開発では、複合施設「品川シーズンテラス」の設計、施工を請け負っただけではなく、ビルのオーナーの一員として施設運営も担ってきた。今回立ち上げる私募ＲＥＩＴも、こういった投資開発事業の一環だ。

西松建設も私募ＲＥＩＴの組成を準備する。澤井良之専務は、「２３年夏には組成したい。当初の運用規模は３６０億円を想定し、２７年度には１０００億円規模にしたい。当社が今所有している資産からすれば、その規模まで持っていけるだろう」と話す。

西松建設は１８年に、２７年度までの長期経営計画「西松ビジョン２０２７」を公表した。この中で、拡充する領域として不動産事業を打ち出した。グループ全体では１０年間で２２００億円の投資、そのうち半分以上の１２００億円を開発・不動産事業につぎ込む大胆な計画だ。

不動産事業を建設事業に次ぐ収益柱に育成する計画で、２１年３月期に事業利益３４億円にすぎなかった不動産事業は、２２年３月期には同５６億円に増加。さらに２０２３年３月期には同７０億円、来２４年３月期には同９０億円に拡大する見込みだ。

「循環型再投資モデル」を掲げ、私募ＲＥＩＴなどを組成し、そこへ自社で開発したオフィスや社員寮、学生寮、ホテルを売却していく。売却益を含めた回収資金をさらなる不動産投資に充てていく算段だ。

清水建設も２３年初頭に私募ＲＥＩＴの運用開始を目指す。5年以内に１０００億円を目指し、まずは３００億円規模で運用を始める。

「先駆者」鹿島の自信

「ゼネコンの中では（不動産関連事業の展開が）突出している」と、多くの関係者が一目を置くのが鹿島だ。２０１８年に私募ＲＥＩＴの運営を開始した。

海外で物流倉庫を開発し短期間で売約するビジネスも確立しており、欧米で開発・運営中の物流倉庫は６３件に上る（２２年3月末時点）。

鹿島の不動産開発の歴史は長い。１９７０年代に埼玉県の志木ニュータウンを開発した。この大規模プロジェクトが不動産開発事業に本格参入するきっかけとなった。

バブル崩壊後に不動産開発事業から撤退する大手ゼネコンが多い中で、鹿島は規模を縮小しながら事業を継続した。

「REITはほかの大手ゼネコンよりも早い18年から運営している。この先10年ぐらいは、不動産開発事業で同業他社に追いつかれない自信はある」と、鹿島の関係者は胸を張る。

大手ゼネコンが本業と親和性のある不動産関連事業を積極化するのは、今に始まったことではない。

バブル崩壊を迎えるまで、業界には「造注」という言葉があった。仕入れた土地を不動産デベロッパーに持ち込めば、建物の請負につなげられる。つまり、「土地を大した戦略もなしに購入して自ら注文をつくり出す（造注）」との発想だ。結局、バブル経済が崩壊して、大手ゼネコン各社は不良資産の処理に追われるなど大きな傷を負った。

現在、ゼネコンが力を入れているのは、不動産関連事業を主力の建設事業につなげるということではなく、大成建設や西松建設に象徴されるような、新たな収益源へと育成する動きだ。

国内のインフラ構築を担ってきたゼネコンは今後、経営を取り巻く環境が不確かとなる時代へ突入する。少子高齢化に伴う国内建設投資の縮小や慢性的な人手不足、そして環境問題への対応など課題が山積している。逆風が想定される中、建設事業に次ぐ収益柱の確立が急務だ。

そういった意味で、REITの市場規模の拡大が続く現在の状況は、不動産関連事業を拡充するゼネコン各社にとってプラスに作用する。西松建設の澤井専務は次のように話す。

「3～4年前から優良資産（不動産）を保有し、賃貸収益を重視するようになった。その時点では、不動産関連事業はストック重視の単なる資産の積み上げか、循環型再投資（資産売却）かの二者択一だった。だが今は、私募REITを立ち上げるという『第3の道』ができた」

REITは単に売却口として有効なだけではない。

不動産開発を進めて開発物件を長期間保有すれば、資産効率の悪化につながる懸念もあるが、私募ＲＥＩＴや私募ファンドをうまく活用すれば、資産を本体から切り離すことができる。

不動産関連事業を含めた経営戦略の舵をどう取るのか。今後両利きの経営の中身が問われることになる。

（梅咲恵司）

不動産開発の焦点

ジャーナリスト・千葉利宏

1997年に表面化したゼネコン危機は、80年代後半のバブル時代に、大手ゼネコンが不動産事業にのめり込んで巨額の不良債権を抱えたことを原因としていた。あれから22年でちょうど四半世紀。ゼネコン業界は何を学んだのか。

「この会社にはマーケティングの概念がないのか」――長谷工コーポレーションの経営再建のため、1999年に建設省（現・国土交通省）から乗り込んで社長に就任した嵩聰久（だけ　としひさ）氏は、周囲にそう嘆いたという。「当時は土地を入手したらマンションを建てることしか考えていなかった」と、長谷工の幹部は振り返る。

工事量の確保が最大目的

ゼネコンが不動産開発を手がけるのは、今に始まったことではない。不動産開発を自ら手がける最大の理由は「工事量の確保」にある。労働集約型産業である建設産業にとって、施工能力を維持していくためには工事量を確保し、技術者や技能労働者に仕事を配分する必要があるからだ。

外部環境に左右されやすい建設業界

—国内建設投資額の推移—

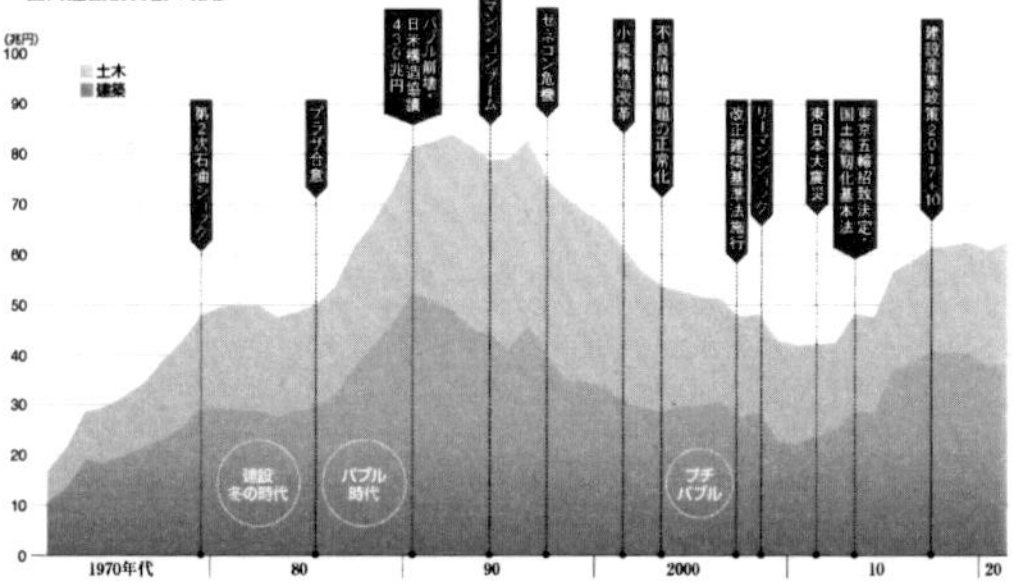

(注)建設投資額は年度ごとの集計 (出所)国土交通省「建設投資見通し」

先のグラフを見ると、国内建設投資額は戦後復興期から高度経済成長期にかけて右肩上がりに増えた。しかし、1979年の第2次石油ショック後の景気後退で、建設需要が減少する「建設冬の時代」を経験。この頃、何とか工事量を確保しようと、土地を仕入れて企業に売り込み、自ら工事の注文を造り出す「造注」と称する不動産開発に乗り出した。そのタイミングで「バブル時代」が到来したのである。

当時、地価は上昇し続けるという「土地神話」が生きていた。地縁・血縁を頼りに受注を獲得してきたゼネコンは支店や現場事務所の権限が強く、内部統制が利きにくい体質もあった。

ゼネコンのビジネスモデルは、発注者が計画した建設構造物を決められた予算と期間で造るのを「請け負う」こと。つまり、嵩氏が指摘した「マーケティング」とは無縁の業界だった。

「土地を買えば儲かると信じられていたし、銀行もいくらでも貸してくれた。土地の仕入れにブレーキを踏む理由がなかった」（長谷工の幹部）

ゼネコンは不動産開発を急拡大させたものの、90年に不動産バブルが崩壊し、地価下落が始まった。

1996年には政府が打ち出した大規模な金融制度改革（通称・金融ビッグバン）を機に、金融機関の不良債権処理が本格化。「上場ゼネコンは倒産しない」といわれていたが、97年7月に中堅の東海興業が会社更生法適用を申請した。これを皮切りに、経営破綻に追い込まれるゼネコンが相次いだ。この「ゼネコン危機」は、金融機関の不良債権処理がほぼ完了する2003年ごろまで続く。

2001年に始まった小泉純一郎政権による構造改革では、公共事業費削減が進んだ。その結果、工事量を確保しようと、大手・準大手ゼネコンは大型都市再開発工事で、中堅・有力地方ゼネコンはマンション工事で安値受注に走った。

そしてマンションの耐震強度データ偽装事件を受け、規制の強化された改正建築基準法が2007年に施行され、住宅の新設着工戸数が激減。2008年にはリーマンショック（世界同時金融危機）が発生し、中小デベロッパーへの銀行融資がストップした余波で、工事代金を回収できずに経営破綻に追い込まれるゼネコンが続出した。

提案力が求められる時代

ゼネコンは過去の建設需要の縮小局面で、不動産開発に手を出し痛手を被ったわけだが、今回はどうなるか。東日本大震災の復興需要や21年開催の東京五輪の特需で増大してきた建設投資額は、19年度をピークに頭打ち傾向にある。

これからの都市開発は人口減少やデジタル化・脱炭素化による社会の進展で、エリア間競争が厳しくなることが予想される。コスト競争力以上に、建物やインフラをスマート化し、エネルギーなどを効率的に運用管理できる高い技術力が必要になるだろう。

こういった社会の変化を背景に、ゼネコンの提案力を重視する大手デベロッパーも出てきた。22年に入ってヒューリックが大手ゼネコンを事業パートナーにして、3件の不動産開発プロジェクトを相次いで立ち上げた。「ゼネコンに安値競争を求めていない」と、ヒューリックの広報担当者は話す。ゼネコン側としても、単に工事を請け負うのではなく、企画・設計段階から事業に食い込める利点がある。

「例えば大型のマンション用地取得はほとんどが入札なので、大手デベロッパーも企画・設計から工事費見積もりまでゼネコンの力が必要になる。デベロッパーから声がかかれば共同で用地を取りに行くし、声がかからなくても単独で取りに行く」（長谷工の幹部）と、ゼネコン側も不動産開発での「両面作戦」を見据える。

懸念材料があるとすれば、建設投資額が減少していくに伴い、工事請負の安値受注競争が再び激しくなることだ。ただ、13年の国土強靭化基本法の後、公共事業が大半を占める土木工事の投資額が堅調に推移している。「今後は台湾有事などに備えて、（海上などの）安全保障関連投資も見込まれる」（準大手ゼネコン役員）と、無理に安値受注する状況ではないようだ。

今後ゼネコンは工事受注だけでなく、建物やインフラの運営管理にも力を注ぐ。技術力とマーケティング力も武器に、ゼネコンの不動産開発事業は新しい局面を迎えている。

千葉利宏（ちば・としひろ）

1958年北海道札幌市生まれ。新聞社を経て2001年からフリー。日本不動産ジャーナリスト会議代表幹事。著書に『実家のたたみ方』（翔泳社）など。

「環境ビジネス」の3領域

脱炭素社会の実現に向けた社会的課題への取り組みが求められる中、大手ゼネコン各社は環境問題への対応をビジネスチャンスとして捉えている。

ビル・工場木造化

工場内に足を踏み入れると、ほんのりと杉の香りが漂ってきた。2022年4月、埼玉県本庄市に完成した、情報通信システムなどを展開するＯＫＩの本庄工場は、外壁や柱などに無数の木材がちりばめられている。工場内における木材使用量は206立方メートル。地元で産出された秩父杉を使用している。

工事を請け負ったのは大成建設だ。木質系材料と鋼板を組み合わせた耐震、耐風、防火などの同社の独自技術を全面投入した。大成建設は２０１８年から、木質系材料と鋼板を組み合わせたうえで、意匠性と構造性能を両立させた耐震構法などを「Ｔ－ＷＯＯＤシリーズ」に追加拡充し、建物の新築、リニューアル工事に用いてきた。

今後は１０階建て程度の中小規模ビルにも活用し、将来的には高層ビルへの利用も目指す。個々のビルだけでなく、歩道橋などに木材を使用するなど都市空間全体への活用も視野に入れる。

同社がビルの木造化事業を推進するのは、建物を木造化することでコンクリート造りに比べ二酸化炭素（ＣＯ２）を削減できるからだ。「ＣＯ２貯蔵の長期化を図るために、都市の中に森をつくるようなイメージでビルの木造化を進める。そうすることで、建築価値の向上、ひいては企業価値の向上を目指す」（大成建設・設計本部の梅森浩設計担当部長）。

企業側でも、環境に配慮した経営を加速したいとの意向が年々強くなっている。冒頭のＯＫＩ本庄工場のように「地域に貢献したい」との考えから、地元木材の使用を要望するケースが増えているようだ。

「今はオフィスビルや工場などの建物を新築、あるいはリニューアルする際に、顧客から必ずと言っていいほど『地域の木材を使えないか』という相談を受ける」と、梅森氏は明かす。コストとの兼ね合いで、結果的に木材の採用をやめる顧客もいるが、建築物の木造化に対する「引き合いは多い」（梅森氏）という。

ビル木造化技術の開発では竹中工務店が先行している。竹中は三井不動産と組んで、東京・日本橋に地上17階建ての高層木造賃貸オフィスビルを25年に竣工する。住友林業も準大手ゼネコンの熊谷組と共同で中規模木造建築ブランドを展開。環境意識の高まりを受け、オフィスビルや工場などの木造化ニーズはますます高まっていきそうだ。

洋上風力の運営

「再生可能エネルギー分野に進出したいのだが、何から手をつけてよいのかわからない」。大林組にはここ数年、中堅ゼネコンの幹部からこのような相談が増えている。

大林組は再生可能エネルギー事業を収益柱の1つとして育成する方針で、急ピッチで展開を進めている。その動きは同業他社から注目され、前述のようにアドバイスを求められることもある。

大林組の再エネ事業の特徴は、手がける分野の広さにある。21年4月に新設した「グリーンエネルギー本部」を軸に、太陽光、バイオマス、洋上風力発電などを幅広く推進。大分県において地熱由来の水素の製造や、ニュージーランドでメガワット級の水素製造供給施設の整備にも取り組んでいる。

とくに注力するのが、市場成長が期待できる洋上風力の分野だ。単に工事を請け負うだけでなく、事業者としての参入も視野に入れている。実際に、秋田県秋田港および能代港における洋上風力発電プロジェクトで、総合商社大手の丸紅などと組み、共同事業実施者として参画している（同プロジェクトの運転開始時期は22年度内とみられる）。

大林組の常務でグリーンエネルギー本部長の安藤賢一氏は今後の洋上風力の展開について、「事業者側として参入するのか、施工側で関わっていくのか、ケース・バイ・ケースで対応する」と話す。

再エネ分野への投資としては26年度までに500億円を想定している。利益が出せる案件が増えれば投資額も修正していく構えだ。売電などにより収益を重ねていけるかが課題となる。

環境配慮コンクリート

環境配慮コンクリートの開発を急ぐのが、大成建設だ。

コンクリートの世界の年間生産量は約140億立方メートル（320億トン）で、地球上において水に次いで利用量が多いといわれている。水、セメント、骨材（砂利・砂）などを混ぜ合わせるコンクリートの製造過程で、CO_2を最も多く排出するのがセメントの製造時だ。そこで、大成建設はセメントを使用しないコンクリート（セメント・ゼロ型）の開発に取り組んできた。

セメント・ゼロ型は、高炉スラグ（製鉄過程で生じる産業副産物）を特殊な反応材を用いて骨材などと混ぜ合わせることで製造するコンクリートだ。CO_2排出量を最大で80％削減できる。大成建設は10年にセメント・ゼロ型の開発に着手し、13年に建設現場で用いた。

続いて、CO2排出量（吸収・排出の収支）をマイナスにするカーボンリサイクルコンクリートの開発に着手。「CO2を削減するという従来の発想ではなく、CO2を資源として再活用するという動きに着目した」（大成建設・技術センターの大脇英司主幹研究員）。

取り組んだのは、セメント・ゼロ型の材料に炭酸カルシウム（排ガスなどから回収したCO2をカルシウムに吸収させて製造する材料）を加えることで、コンクリート内部にCO2を固定して「カーボンネガティブ」を実現する手法だった。

試行錯誤を経て大成建設は2021年にこのカーボンリサイクルコンクリートの開発に成功。「延べ床面積30坪の鉄筋コンクリート住宅の場合、普通のコンクリートを使用した場合に比べてカーボンリサイクルコンクリートは標準的な家庭が排出する10年分のCO2をオフセットできる」と大脇氏は語る。

ただし、カーボンリサイクルコンクリートの量産化への課題としては、まずは法体系の整備が挙げられる。今の建築基準法では、このコンクリートは土木分野では使えるが建築分野における柱や棟には使えず、鉄筋コンクリート住宅での使用も認められていない。

サプライチェーンの構築も欠かせない。カーボンリサイクル材料の炭酸カルシウムをどこで製造し、どうやって供給していくのか。既存チェーンの活用も含めた対応が求められる。

（梅咲恵司）

注目されるインフラ運営の「源泉」

「請負モデルは、思った以上に早く限界が近づいている」。前田建設工業を傘下に持つインフロニア・ホールディングス（HD）の岐部一誠社長は、現在のゼネコン業界についてそう語る。

インフロニアHDは国内の建設市場が先細りすることを見越して、建築や土木など請負以外を拡充する、「脱請負」路線を標榜してきた。目下、風力発電事業や上下水道事業の保守・管理などインフラ運営の受託に力を注いでいる。

独自路線をひた走る同社だが、実はこの脱請負路線には「源泉」があることは、ゼネコン業界の中でもあまり知られていない。

その源泉とは、前田建設の子会社のJMだ。コンビニ店舗などの保守・管理を展開する。ＪＭ社の大竹弘孝社長は、「ゼネコンは変わらなければいけない。そう思って事業をスタートした」と会社の来歴を切り出した。

発端は政界スキャンダル

話は1990年代にさかのぼる。ゼネコン業界はスキャンダルに見舞われていた。大手ゼネコンが公共工事の受注をめぐって、政界に賄賂を渡していたことが発覚。談合がらみの不祥事も後を絶たなかった。前田建設に在籍していた大竹氏は、ゼネコン業界に改革が必要なことを痛感した。「営業に絡んで談合事件を起こしたのならば営業部は要らない。大きな仕事が欲しくて政治家と癒着するのならば、小さな仕事をやればいい」と、ゼネコンを反面教師にスモールビジネスを目指した。

2000年に前田建設にリテール事業部を設立し、建物の保守・管理を基軸とした新しいサービス「なおしや又兵衛」を立ち上げた。すぐさまセブン‐イレブン・ジャパンと店舗の保守・管理で提携し、ヤマト運輸とも引っ越しサービスや小規模修繕工事で提携した。「これが結果的に、前田建設の『脱請負』路線の皮切りになった」(大竹氏)。

２００７年には前田建設からスピンアウトして、ＪＭを設立。その後、次々と顧客を開拓し、現在では日産自動車、出光興産などから、全国２３万施設の保守・管理を受託している。

ＪＭのビジネスの主軸は保守・管理であるため、工事代金は１件当たり平均１３万円と小さい。１００億円超の工事を請け負うことも多いゼネコンとは、事業規模に圧倒的な差がある。

ＪＭの特徴は、エリア単位で複数の店舗を細やかに保守・管理する仕組みを構築している点だ。全国に５０拠点を持ち、全国を半径５０キロメートルごとのブロックに分けてエリアマネジメントを展開。地域の事情をよく知る全国各地の工務店とフランチャイズ契約を結び、店舗を保守・管理する。工事の依頼には２４時間３６５日体制で対応する。

セブンの店舗も変えた

最大の武器は、施設の全管理データを発注者とクラウド上で共有するＩＴシステムだ。大竹氏は次のように説明する。

「マネジメントセンター（コールセンター）にお客から連絡があると、契約先（である工務店）の職人がお客のところに行く仕組み。そのデータをすべて電子化している。今では膨大なデータを基に建物のトラブルをいち早く見つけることができる。さらに、保守・管理に問題があるときはもともとの建物（施設や設備など）の計画やデザインに問題があることが多い。問題点をデータ化し、分析して顧客に提示する」

例えば、セブン‐イレブンはかつて手動ドアが主流だったが、自動ドアのほうが顧客の出入りの安全性が向上し、ライフサイクルコストも低下することをデータで提示した。その後、セブン‐イレブンの店舗は、自動ドアに順次切り替わっていった。

実績を積み上げることで、今では埼玉県鴻巣市や静岡県伊豆市など地方自治体の公共施設の包括管理を受託するようにもなった。

他方、インフロニアＨＤも自治体向けビジネスを拡大中だ。前田建設などが出資・設立した事業体が、大阪市の工業用水道特定運営事業者に選定され、２２年４月から事業を開始した。同じく２２年７月には、神奈川県三浦市の下水道運営事業の優先交渉権を獲得した。

現在、ＪＭからインフロニアＨＤへＩＴシステムの移植を始めている。「地方市町村との包括連携では、ＪＭはインフロニアグループの重要な役割を担うことになる」とインフロニアＨＤの広報担当者は話す。

脱請負路線を進むインフロニアＨＤのように、インフラや施設などの運営管理事業を非建設分野の一領域として拡大する動きが、ゼネコン各社でさらに広がりそうだ。

（梅咲恵司）

INTERVIEW

「コンセッションしか生き残る道はない」

インフロニア・ホールディングス　社長・岐部一誠

建設市場では相変わらず受注競争の厳しさが続いている。当社としては、受注の価格競争をせずに受注高や売上高を確保することが最大の課題だ。今のところ受注時の採算確保ができている。

しかし中・長期的に考えると、請負事業のビジネスモデルは限界が来ている。想定した以上に早く限界が来ているようだ。これまでは、経済がある程度成長していく中で建設業界も成長してきた。だが、少子高齢化を背景に建設市場が将来氷河期に入ることが見えている状況の下、請負事業に偏ったビジネスでは経営が厳しくなる。

建設業界は同じビジネスモデルの企業が多い。このままだとコモディティー化が進み、経営はさらに苦しくなるだろう。請負業のままでは、自分たちではコントロールできない景気や国の政策に大きく左右されてしまう。需給のバランスで厳しい競争関係に陥る「宿命」が待ち受けている。

社会課題の解決に活路

一方、少子高齢化時代に突入し財政が厳しくなる中、日本のインフラをどうやって維持・更新していくかという大きな問題がある。この問題はこの先の未来にも存在する。これを解決するには、コンセッション（公共施設の運営権を民間事業者に与える）方式で官民が連携していくしかないのではないか。

中でも上水道や下水道の維持・更新は道路と並んで、もしくは道路以上に大きな課題だ。管路施設（汚水や雨水を集めて下水処理場に運ぶ施設・設備）は維持・補修の必要に迫られている自治体が多い。今後も積極的に入札したい。

岐部一誠（きべ・かずなり）

１９６１年生まれ。２０２１年１０月にインフロニア・ホールディングスの初代・代表執行役社長（現職）就任。

オープンハウス　1・2兆円市場に食い込む営業力

急速な成長でスーパーゼネコンの売り上げ規模に迫るのが、新興住宅ビルダーのオープンハウスグループだ。

新築マンションの開発・販売や、賃貸ビル・賃貸マンションのリノベーションなども手がけるが、その収益柱は売り上げの過半を占める戸建て関連の事業だ。

都心部を中心に狭小戸建て住宅を供給することで急成長を遂げている。2021年9月期のオープンハウスの売上高は8105億円、戸建て棟数は1万棟超だった。これを2年間で1兆0500億円、1・2万棟超（いずれも23年9月期の会社計画）にまで拡大する構えだ。

売上高1兆円超えを目指すオープンハウスが、攻勢を強めているのが関西圏だ。

21年4月ごろから関西での物件仕入れを本格化させており、販売網の拡大にも余念がない。

同年10月、大型店舗の「梅田営業センター」と「天王寺営業センター」を大阪市内で開いて関西進出を果たすと、翌22年には兵庫の西宮市と神戸市にも出店。すでに進出する愛知や福岡と比べても、関西での出店ペースは速い。

オープンハウスにとって大阪と兵庫を中心とした関西圏は未開拓の一大市場だ。同社の推計では、関西圏の戸建ての市場規模は1・2兆円もあり、首都圏に次ぐマーケットだ。売上高1兆円を超えた先の成長も見据えると、関西での市場シェア拡大は至上命令ともいえる。

関西支社を統括する三代隆太・部長代理は「足元では月に40棟ほど販売できており、当初のもくろみどおりに事業を拡大できている。まずは年間1000棟の販売をできるだけ早期に達成したい」と言葉に力を込める。

割安感を武器に販売拡大

首都圏でオープンハウスの躍進を支えた武器の1つが物件の割安感だ。首都圏の駅から徒歩10分程度の好立地でマンションと競合する物件にもかかわらず、同社が手がける戸建ての平均価格は新築マンションより3割強も安い。

戸建て販売が業績を牽引

―オープンハウスグループの売上高と戸建て棟数の推移―

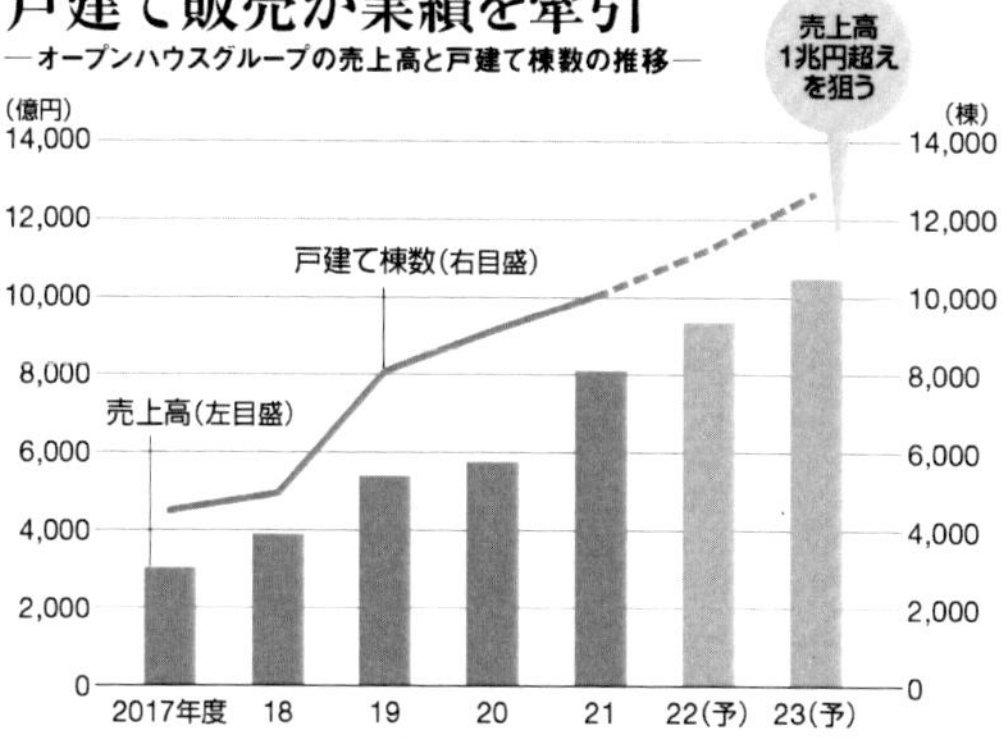

(注)各9月期。2022年度、23年度は会社中期経営計画などの予想
(出所)オープンハウスグループの決算資料を基に東洋経済作成

首都圏では立地で競合するマンションよりも安い

首都圏と関西圏、オープンハウスグループの住宅の平均価格の比較

分類	住宅の種類	平均価格
首都圏	新築マンション	6360万円
オープンハウス(首都圏)	戸建て(建て売り)	4206万円
関西圏	新築マンション	4651万円

(注)平均価格はすべて2021年度実績。各3月期。オープンハウスグループの戸建て(建て売り)のみ9月期。オープンハウスグループの戸建て(建て売り)の平均価格は福岡、名古屋を除く首都圏が対象
(出所)不動産経済研究所、オープンハウスグループの公表資料を基に東洋経済作成

大手デベロッパーが手を出せないような変形地や偏狭地を仕入れ、建設から販売まですべてをグループ内で完結。こうした製販一体体制を構築し、戸建ての供給にかかるコストを抑えることで、価格を割安に設定できている。

狭い土地を有効活用して広い住空間をひねり出すのも得意だ。3階建ての家を建てることで、限られた土地の延べ床面積をかさ上げする。また、階段に踊り場を造らなかったり、階段下にトイレを配置したりすることで、余剰スペースを極限まで減らす。限られた空間をあの手この手で使い倒し、オープンハウスは4000万〜5000万円程度の分譲戸建て（土地含む）を都内で販売している。

土地代や建築費などの原価上昇に伴い、首都圏の新築マンションの面積は狭くなる一方だ。そうした中、交通の利便性を維持しつつ、一定の広さがある住空間を提供できる分譲戸建てが、1次取得者のニーズに合致するというわけだ。

こうした独自の分譲戸建てをオープンハウスは関西でも展開し始めている。もちろん、販売を伸ばすうえでは、不動産相場に合わせた商品の供給が欠かせない。関西圏の新築マンションの平均価格と比べると、足元のオープンハウスの平均価格は首都圏ほどの割安感は出せていない。

三代氏は「当然、関西の相場に合わせた商品を展開していく。すでに3000万円台の分譲戸建ても数多く手がけている。中古マンションの購入を検討している層も取り込んでいきたい」と語る。

中小事業者が群雄割拠

関西市場にはオープンハウスの食い込む余地がある。大きな市場シェアを持つ戸建て事業者が関西にはまだいないからだ。

関西の業界関係者は「狭いエリアでのみ事業を展開しているような地域密着の中小・零細の不動産会社が群雄割拠している」と語る。

実際、分譲戸建てのガリバーである飯田グループホールディングスといえども、関西市場を押さえきれていない。同社の市場シェアは、首都圏で30・7%、東海圏で32・6%もあるのに対して、関西圏では17・8%だ（いずれも22年3月期実績）。

大手戸建て事業者でも関西市場を押さえられていない背景には、土地不足もあるようだ。分譲戸建てを供給する事業者の多くは事業効率を高めるため、大型の土地を仕入れたうえで、そこに複数棟を建設して販売する手法を取る。

ところが、関西のデベロッパー関係者は「戸建て1棟分の小さな土地ならともかく、複数棟の戸建てを造れるような土地は、なかなか売りに出されない。需要のあるエリアで分譲戸建て事業を拡大するのは難しい」と嘆息する。

すでに布石は打たれている。関西進出に当たり、オープンハウスは地場の不動産会社向けに冊子を配布。三代氏は「大量の物件情報を集めて戦うため、変形地や偏狭地でも買うというメッセージを、漫画形式で地場の不動産会社に向けて発信した」と語る。

漫画で認知度を高めるとともに、得意のドブ板営業で地場の不動産会社との関係を深めている。

オープンハウスの関西支社では20人程度の仕入れ担当者が、地場の不動産会社に足しげく通い、情報をかき集める。「1人当たり3件程度の物件情報を1日で集めており、関西だけで月間80件程度の物件を仕入れている」と三代氏。

販売面では、地域をくまなく回り路上でキャッチセールスを繰り広げる、いわゆる「源泉営業」が関西では打率が高いようだ。オープンハウスによれば、源泉営業による契約は、首都圏では全契約件数の3割程度だったのに対して、関西では4～5割にも上る。

独自の狭小戸建てとドブ板営業で未開拓市場を切り開けるか。関西での彼らの存在感は日に日に高まっている。


（佃　陸生）

忍び寄る「コロナ倒産」 地方ゼネコンの悲鳴

「建設業はここにきて、新型コロナウイルス関連の倒産が増えている」。民間の企業信用調査会社、東京商工リサーチの情報本部担当者はそう語る。

同社の調査によると、2022年6月の建設業の倒産は112件(前年同月比12%増)と、3カ月ぶりに前年同月を上回った。

6月には、神奈川県横浜市の建設工事会社グローバル・アーバン(負債総額13億1994万円)、「天草ハウジング」の名称で輸入住宅の建築・販売を展開していた東京都八王子市の天草産業(負債総額約7億5000万円)が相次いで破産した。

とはいえ、建設業の倒産は過去に月500件を超えた例もあり、それと比べるとまだ低水準だ。ここ3年ほどの倒産件数、負債総額を見ても、足元の水準が急に高くなっているわけではない。

倒産件数、負債総額とも大きな増減なし

建設業の倒産（月次）推移

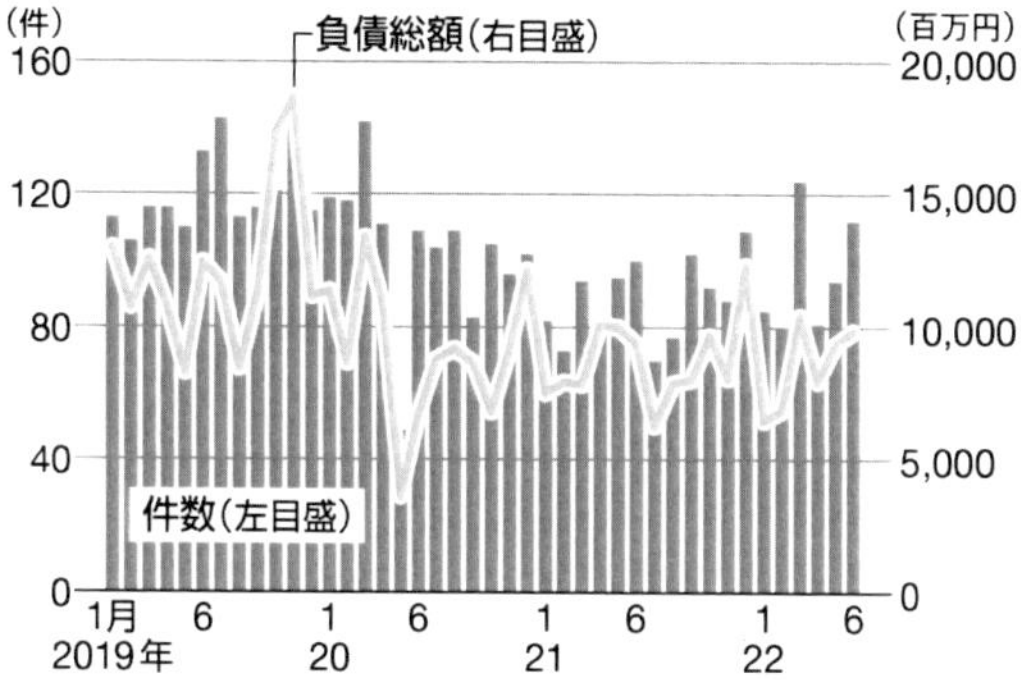

（出所）東京商工リサーチ

小・零細企業の倒産急増

気がかりなのは、建設業で小・零細の倒産が増えていることだ。

東京商工リサーチの「負債1000万円未満の倒産」調査によると、22年上半期（1〜6月）の産業別倒産件数は建設業が49件と、飲食店を含むサービス業ほかに次いで多かった。しかも、前年同期比で建設業は63・3%増と、大きく増えている。

スーパーゼネコンを頂点とするピラミッド構造を持つ建設業者は、全国に約47万社ある。そのうち個人および資本金3億円未満の中小・零細企業が99・5%を占めている。東京商工リサーチの情報本部担当者は、こういった小・零細企業の「読みの甘さ」を指摘する。

「新型コロナが本格的に猛威を振るった20年2〜3月ごろ以降、金融機関による資金繰りの緊急支援策があり、金を借りやすい環境にあった。小・零細企業の中には『今のうちに借りておけ』と、安易に借り入れを増やした会社がある」（同）

ここ数年、建設投資が増えていることを背景に、小・零細企業のいくつかはコロナ禍になって、「仕事はありそうなので大丈夫だろう」と安心して借り入れを増やした。だが、最近は1件当たりの工事が大型化し、受注競争が激化。元請けであるスーパーゼネコンや準大手ゼネコンが受注時採算の低下に苦しんでおり、下請け代金の低下となって中小・零細企業にシワ寄せが及んでいる。

加えて、昨今の円安や資源高を背景とする資材の高騰が業績を圧迫。資金繰りが急悪化しているため、緊急支援策を活用した借入金を返済できなくなったケースが22年に入って続出しているというわけだ。

大阪の倒産件数が突出

倒産を全国で見た場合、どの都道府県で増えているのか。

それを探るために、東京商工リサーチの22年上半期(1〜6月)「都道府県別」データに基づき、東洋経済が独自にランキングにした。

2022年上半期（1〜6月）建設業の都道府県別倒産状況

件数ランキング

		件数（件）	負債総額（百万円）	前年同期比（%）
1	大阪	83	4,704	128.1
2	東京	59	5,353	85.4
3	神奈川	46	4,106	107.0
4	愛知	36	1,351	53.3
5	京都	26	1,086	105.8
6	埼玉	25	1,136	33.8
〃	兵庫	25	1,206	75.3
8	福岡	24	2,232	138.6
9	千葉	22	2,426	40.2
10	静岡	17	2,615	145.2
11	宮城	15	2,354	263.3
〃	広島	15	1,794	172.0
13	茨城	12	1,990	445.2
14	栃木	11	1,151	49.0
15	福島	10	1,399	932.7
16	北海道	9	875	276.0
〃	富山	9	1,639	46.9
〃	奈良	9	180	84.1
〃	鹿児島	9	1,602	412.9
20	岐阜	8	476	34.0
〃	滋賀	8	195	278.6
〃	愛媛	8	1,035	575.0
23	群馬	7	1,937	1,094.4
〃	石川	7	1,096	629.9
23	熊本	7	565	84.8
26	岩手	6	756	500.7
〃	和歌山	6	202	87.8
〃	岡山	6	964	123.6
29	長野	5	381	121.3
〃	三重	5	171	219.2
〃	山口	5	538	118.8
〃	長崎	5	343	1,372.0
〃	大分	5	407	13.3
34	青森	4	106	212.0
〃	山形	4	509	67.4
34	新潟	4	1,173	2,346.0
37	島根	3	210	29.2
38	山梨	2	91	—
〃	徳島	2	76	126.7
〃	香川	2	71	35.1
41	秋田	1	274	—
〃	鳥取	1	50	71.4
〃	高知	1	20	57.1
〃	宮崎	1	13	76.5
〃	沖縄	1	50	4.0
46	福井	0	0	0
〃	佐賀	0	0	0

（注）「—」は前年の負債総額がゼロ

1位である大阪府の倒産件数は83件（前年同期比3・8％増、負債総額は前年同期比28・1％増）と突出して多いことがわかる。

国土交通省の調査では、都道府県別の建設業事業者数は東京都が4・3万件で、大阪府が3・8万件だ。事業者数で東京都より劣る大阪府が、倒産件数で2位の東京都を大きく上回っているのはなぜか。

大阪では数多くの大型プロジェクトが控えている。大阪・関西万博（25年開催）、JR大阪駅前の大阪中央郵便局跡地の大規模再開発、いわゆる「うめきた2期」地区開発（27年全体開業）、そして南海電気鉄道・新今宮駅とJR北梅田駅を結ぶ「なにわ筋線」（31年開業予定）など、再開発からインフラ関連工事まで多岐にわたる。とくに万博は会場施設だけでなく周辺の交通網も未整備なので、関連工事にも期待がかかる。

ところが、これらの工事が本格化するのはまだ2～3年先だ。

「足元では企業の設備投資が鈍く、建設事業者の数に対して工事案件が少なすぎる。公共工事と違ってスライド条項（資材高を工事代金に反映させる契約）もないため、

民間工事では思うように利益が出せない」（大阪府の業界団体の関係者）

土地の仕入れが終わっていても、資材高騰と資材不足を受けて、上物（建物）の工事が延期になったり、中止になったりするケースが増えている。

さらに関西はコロナ前までインバウンド需要でにぎわっていたが、コロナの影響で現在はそれが「消滅」している。ホテルなどの建設工事もストップしている。

本来は底堅く発注のある土木工事も厳しいようだ。国の国土強靱化対策を受けて、高速道路の補修工事などは堅調に推移しているものの、災害復旧工事など天災に伴う工事がほぼない。

前出の業界団体関係者は、「大阪では道路や水道管などの老朽化が進んでおり、長期的には建設需要が安定して見込めるはずだ。ただ、自治体が実際の公共工事に投じる予算は少ないため、足元の工事案件の数は限られる」と話す。

さらに超大型工事に集中するはずのスーパーゼネコンが売上高20億円ぐらいの中規模工事にも参戦し、中堅以下の地元建設業者は受注競争激化に苦しんでいるという。

「数々の逆風を受けて、建設業のピラミッドの底辺（中小・零細企業）では経営が苦しい。売上高10億円クラスの建設業者、あるいはそれよりも小規模な専門業者や街の大工さんなどがとくに厳しい」と、東京商工リサーチの関西支社担当者は話す。

中小・零細企業には昨今の資材高も襲いかかり、資金繰りに余裕がなくなって倒産に至るケースが増えているようだ。

負債増加率ランキング

		件数（件）	負債総額（百万円）	前年同期比（%）
1	福島	10	1,399	932.7
2	茨城	12	1,990	445.2
3	宮城	15	2,354	263.3
4	広島	15	1,794	172.0
5	静岡	17	2,615	145.2
6	福岡	24	2,232	138.6
7	大阪	83	4,704	128.1
8	神奈川	46	4,106	107.0
9	京都	26	1,086	105.8
10	東京	59	5,353	85.4
11	兵庫	25	1,206	75.3
12	愛知	36	1,351	53.3
13	栃木	11	1,151	49.0
14	千葉	22	2,426	40.2
15	埼玉	25	1,136	33.8

（注）倒産件数が10件以上の都道府県が対象
（出所）東京商工リサーチのデータを基に東洋経済作成

福島や宮城で苦戦が際立つ

先の「負債増加率ランキング」を見ると、増加率上位には、福島県（1位）と宮城県（3位）の東北勢が上位を占めている。

福島県や宮城県ではこれまで、東日本大震災の復興需要が地場建設業者を支えてきた。しかし、「2022年に入って復興関連工事は急速になくなった。この先もビッグプロジェクトがほとんどない」（東京商工リサーチの東北支社担当者）。

宮城県ではエネルギー関連や工業機械などの大型工場建設が予定されている。しかし、こういった大型工事はスーパーゼネコンが案件をさらっていくケースがほとんど。また仙台市では市役所の建て替え工事が計画されているが、まだ本格的には動き出していないようだ。

福島県や宮城県の事業者の苦戦は1年前あたりから見られていた。ただし、「コロナ対策の資金繰り緊急支援策もあって、1年ぐらいは延命することができた。そういった『ゾンビ企業』がいま倒産に追い込まれている」と、東京商工リサーチの東北支社担当者は説明する。

やはり大阪と同様に、売上高10億円以下の規模が小さい事業者の倒産が増えており、都道府県別の倒産件数ランキングで宮城県は11位だった。

この先の厳しい経営環境を見越して、東北では持ち株会社化による経営統合や、事業領域を広げたい大手ゼネコンの傘下に入るケースが増加している。

先に経営統合していた山形県の山和建設と福島県の小野中村は22年7月、福島県の南会西部建設コーポレーションと経営統合し、持ち株会社「UNICONホールディングス」を設立した。新会社は「地域連合型ゼネコン」を標榜し、人手不足や後継者不足など地場建設業の課題解決を図る。

福島県の名門ゼネコンである佐藤工業は19年に、全国展開する準大手ゼネコン、戸田建設の傘下に入った。戸田建設は佐藤工業の子会社化で、東北エリアでのシェア拡大を狙う。

工事の先細りと受注競争の激化、そして資材高の「三重苦」が襲いかかる地方ゼネコン。倒産・事業清算に踏み切る、あるいは大資本の傘下に入る会社が今後続出しそうだ。

（梅咲恵司、佃　陸生）

レガシー産業が問われる変革の本気度

レガシー産業――。マリコン（海洋土木）大手の東洋建設に対して買収提案をしている任天堂創業家の資産管理会社、ヤマウチ・ナンバーテン・ファミリー・オフィス（YFO）は、ゼネコン業界のことをそう表現する。

バブル崩壊や世界金融危機で傷を負ったゼネコンが、他社の資本支援を仰いで再編されるケースこそあったものの、業界構造を大きく変化させるまでには至らなかった。

江戸期や明治期に創業したスーパーゼネコン5社（大林組、鹿島、清水建設、大成建設、竹中工務店）を頂点に、全国展開する準大手・中堅ゼネコン約50社が連なり、地方ゼネコン約2万社がそれを支える構造は昔のまま。「スーパーゼネコンは5社も必要ない」（準大手ゼネコン幹部）といった指摘がなされて久しいにもかかわらずだ。

体質も同様だ。「受注がすべてで、たとえ赤字案件であっても平気な顔で大型工事を取りに行く。1990年代から何も変わっていない」と、あるゼネコン首脳は嘆く。

一時、周辺業界からの参入も見られた。例えば2013年には大和ハウス工業が準大手ゼネコンのフジタを完全子会社化。17年には住友林業が、1893年創業の名門、熊谷組に20%出資した。だがこうした動きは、大きな再編につながらなかった。

その理由について複数の業界関係者は、「合併すると1＋1が2になるのではなくて1のまま。単純に入札機会が減るだけという意識が根底にあるからだ」と明かす。

効果大の異業種参入

しかし今回の特集でも見てきたとおり、ここにきて一気に流れが変わり始めている。「異業種の参入」、「次世代技術の開発に伴うアライアンス」、そして「M&A（合併・買収）によるグループ化」という新たな3つのパターンによる再編が続々と進んでいる。

大手ゼネコンの間でM&Aが活発化

近年の主な合併・買収、提携

年	月	企業名	内容
2021年	2月	高松コンストラクショングループ	大阪府地盤の大昭工業を買収
	9月	鹿島、竹中工務店、清水建設	3社を幹事役に技術連携組織「建設RXコンソーシアム」設立
	10月	インフロニアHD	前田建設工業、前田道路、前田製作所を経営統合し、共同持ち株会社（インフロニアHD）設立
	12月	戸田建設	茨城県地盤の昭和建設を買収
	12月	西松建設	総合商社伊藤忠商事の出資を受ける（出資比率は議決権ベースで約10%）
22年	3月	清水建設	持ち分法適用会社だった日本道路を子会社化
	4月	東洋建設	インフロニアHDのTOB（株式公開買い付け）に介入した任天堂創業家資産管理会社から買収提案を受ける
	4月	高松コンストラクショングループ	3つの孫会社を子会社化するなど組織を改編、木造住宅事業など強化
	5月	インフロニアHD	完全子会社化を狙った東洋建設に対するTOBが、任天堂創業家の介入で不成立に
	7月	大豊建設	麻生の出資を受ける（→現在出資比率50%超）

（注）社名は一部略称

背景にはゼネコン業界、ひいては日本経済を取り巻く環境の変化がある。脱炭素やDXの推進をはじめとして社会の「サステイナビリティー」が重要度を増している。そのためには次世代技術の開発が必須だが、個社での対応には限界がある。ゼネコン各社はそう考え、再編への道を進み始めたわけだ。

3つのパターンの中で、業界に新風を吹き込むという意味で最も効果が大きいのは、異業種参入だろう。

経営書『両利きの経営』(チャールズ・A・オライリー/マイケル・L・タッシュマン著・東洋経済新報社刊)には、次の一節がある。

「技術の移行と、それに伴う組織の断続的な変革は業界外から引き起こされることが多い。新規参入者はある産業の基本中の基本となっていることに疑問を投げかけ、既存企業の免疫反応を誘発する」

その好例として、ノキアがリードしていた携帯電話業界に、アップルというコンピューター会社がiＰｈｏｎｅを引っ提げて登場、瞬く間にゲームチェンジを起こしたことが紹介されている。

ありの一穴となる可能性

この指摘に沿って考えると、ＹＦＯが東洋建設に対して行った買収提案は、違った側面を見せる。

ＹＦＯが5月中旬に東洋建設に対して提示した「東洋建設の経営方針・企業価値向上策（案）」について、東洋建設の関係者は「現場での経験がない人たちの意見だ」と切り捨てる。

だが、この素人的で青臭く見えるような意見の中にこそ、「産業の基本中の基本となっていることに疑問を投げかける」要素が含まれているのではないか。

例えばＹＦＯの企業価値向上策には、「ゼネコンにおける調達コスト削減の方向性」という項目がある。その中でＹＦＯは、「モノによっては流通が多層構造」になっているとし、「集中・統合調達」などが必要だと訴える。

　主要素材の1つである生コンの場合、運ぶ間に固まってしまうため、工場から現場までの距離は車で1時間半が限界。そのため生コン製造業者は、各都道府県に拠点を構えて協同組合を組織し、その組合が商社などへの供給量を決定することによって安定供給を行っている。そうした構造が確立されているから、ゼネコン主導による「集中・統合調達」など入り込む余地はない。

　そのためこの提案について、業界は「大学生の思いつきみたい」（東洋建設幹部）と冷ややかだが、今後、技術革新や素材の開発が進んだとき、こうした常識が覆され、「ありの一穴」となる可能性もある。つまりYFOの考えがイノベーションになることも、ありうる話だ。

　そもそもYFOと対峙するインフロニア・ホールディングス傘下の前田建設工業も、かつてイノベーションを巻き起こした。今から約20年前、ゼネコンの一括請負サービスは限界だとして、施設のメンテナンスを基軸とした新サービスを打ち出し、新しいシステムを開発しているのだ。

常識や慣習に外れるからといってはねつけるのか、それともイノベーションを巻き起こす存在として受け入れるのか。新参者や異端児に対して「レガシー産業」がどう向き合うのかが問われている。

（梅咲恵司）

【週刊東洋経済】

本書は、東洋経済新報社『週刊東洋経済』2022年9月10日号より抜粋、加筆修正のうえ制作しています。この記事が完全収録された底本をはじめ、雑誌バックナンバーは小社ホームページからもお求めいただけます。

小社では、『週刊東洋経済eビジネス新書』シリーズをはじめ、このほかにも多数の電子書籍ラインナップをそろえております。ぜひストアにて「東洋経済」で検索してみてください。

『週刊東洋経済eビジネス新書』シリーズ

No.407　定年格差　シニアの働き方
No.408　今を語る16の視点　2022
No.409　狙われる富裕層
No.410　ライフシフト超入門

No.411　企業価値の新常識
No.412　暗号資産&ＮＦＴ
No.413　ゼネコン激動期
No.414　病院サバイバル
No.415　生保　最新事情
No.416　Ｍ&Ａマフィア
No.417　工場が消える
No.418　経済超入門　２０２２
No.419　東証　沈没
No.420　テクノロジーの未来地図
No.421　年金の新常識
No.422　先を知るための読書案内
No.423　欧州動乱史
No.424　物流ドライバーが消える日

No.425　エネルギー戦争
No.426　瀬戸際の地銀
No.427　不動産争奪戦
No.428　インフレ時代の資産運用&防衛術
No.429　人口減サバイバル
No.430　自衛隊は日本を守れるか
No.431　教員不足の深層
No.432　ニッポンのSDGs&ESG
No.433　独走トヨタ　迫る試練
No.434　変わる相続・贈与の節税
No.435　東芝の末路
No.436　食糧危機は終わらない

週刊東洋経済eビジネス新書　No.437
ゼネコン　両利きの経営

【本誌（底本）】
編集局　梅咲恵司、林　哲矢
デザイン　熊谷真美、杉山未記、藤本麻衣
進行管理　三隅多香子
発行日　2022年9月10日

【電子版】
編集制作　塚田由紀夫、長谷川　隆
デザイン　大村善久
表紙写真　今井康一
制作協力　丸井工文社

発行日　２０２３年１０月１９日　Ver.1
発行所　〒１０３‐８３４５
東京都中央区日本橋本石町１‐２‐１
東洋経済新報社
電話　東洋経済カスタマーセンター
０３（６３８６）１０４０
https://toyokeizai.net/
発行人　田北浩章

電子書籍化に際しては、仕様上の都合などにより適宜編集を加えています。登場人物に関する情報、価格、為替レートなどは、特に記載のない限り底本編集当時のものです。一部の漢字を簡易慣用字体やかなで表記している場合があります。本書は縦書きでレイアウトしています。ご覧になる機種により表示に差が生じることがあります。

本書に掲載している記事、写真、図表、データ等は、著作権法や不正競争防止法をはじめとする各種法律で保護されています。当社の許諾を得ることなく、本誌の全部または一部を、複製、翻案、公衆送信する等の利用はできません。

もしこれらに違反した場合、たとえそれが軽微な利用であったとしても、当社の利益を不当に害する行為として損害賠償その他の法的措置を講ずることがありますのでご注意ください。本誌の利用をご希望の場合は、事前に当社（TEL：03－6386－1040もしくは当社ホームページの「転載申請入力フォーム」）までお問い合わせください。

※本刊行物は、電子書籍版に基づいてプリントオンデマンド版として作成されたものです。